本书获江西省"十二五"重点学科管理科学与工程资助出版

本书系以下项目的部分成果

国家自然科学基金项目：生态农业区域规模化人力资本缺失治理政策与管理措施反馈分析和动态仿真理论模型应用研究（71563028）

江西省软课题：隐性知识网络视角下的高技术企业科技创新绩效提升对策研究（20141BBA10035）；江西省博士后科研项目 数据挖掘及反馈方法与低碳生态系统工程互促创新研究（2013KY58）

祝琴 著

高维数据分析预处理技术

Subspace Recognization for
Object-Attribute Space with High-Dimension
Sparse Feature

社会科学文献出版社
SOCIAL SCIENCES ACADEMIC PRESS (CHINA)

序　言

　　数据挖掘中有一类典型的数据分析问题，是对所分析的对象集合进行聚类、分类分析。但是，在数据挖掘的实际应用中，由于对象属性的高维特征，导致数据挖掘问题的规模巨大，数据挖掘变得异常地困难，甚至导致传统、经典的数据挖掘算法由于计算量大而丧失实用价值。

　　高属性维数据是比较常见的一种数据形式，对高属性维数据的处理能力是数据挖掘研究与应用中的重要内容。大量的生产管理实践表明，数据挖掘的实际应用问题面对的数据具有高维特性，同时，这些属性的取值却具有稀疏的特征，这类问题称为高维稀疏数据挖掘问题，其本质是数据分析的对象数据具有高属性维，即描述每个对象的属性有很多，但这些属性有很大一部分取值为零。

　　对于高维稀疏数据挖掘问题，大部分研究工作都集中在数据对象间相似度的度量方法及挖掘算法方面，如高属性维稀疏数据聚类的稀疏特征聚类法（sparse feature clustering，SFC）、基于稀疏特征向量的聚类算法（clustering algorithm based on sparse feature vector，CABOSFV）等。

本书中，作者针对高维稀疏数据挖掘问题，从数据预处理的角度，研究对象—属性空间的划分问题，其目的是把所研究的数据挖掘空间分解为若干规模较小的对象—属性空间，从而降低实际数据挖掘的难度。

该书的研究成果，针对高维稀疏数据挖掘问题，降低数据挖掘规模，建立了体系完整的数据预处理理论和方法，具有很强的理论意义和实践应用前景。

北京科技大学经济管理学院

致　谢

衷心感谢恩师高学东教授给予我跨学科在北京科技大学攻读博士学位的机会，让我能在自己感兴趣的数据挖掘领域进行学习和研究。本书从选题、课题研究、书稿撰写到书稿完善都是在高教授的悉心指导下完成的。高教授不仅学识渊博、治学严谨，而且思想开明、实事求是。他开阔的视野和敏锐的思维给了我深深的启迪。师从高教授不仅让我学到了知识，更重要的是学到了思想，领悟到了很多做人的道理，这将让我受益一生。在此，再次表示最衷心的感谢和最崇高的敬意！

衷心感谢北京科技大学经济管理学院张群教授、高俊山教授、李铁克教授、王道平教授、张晓冬教授、马风才教授、鲍新中教授对我的帮助，感谢经济管理学院全体教师！

衷心感谢武森教授在学习和生活上给予我的关心和帮助！

衷心感谢喻斌老师、王莹老师、周晓光老师、魏桂英老师、崔巍博士、国宏伟博士、徐章艳博士、王阅博士、陈敏博士、杨珺博士、戴爱明博士、孟陶然博士、吴玲玉博士，感谢课题组全体老师和同学！

衷心感谢南昌大学管理科学与工程系贾仁安教授、涂国平主任、邓群钊主任的关怀和支持，感谢同事们的帮助和鼓励！

最后，特别感谢我的先生赖平红博士，感谢他一直以来给予我的理解、支持与鼓励！深情感谢我最亲爱的父母以及所有爱我的亲人和朋友们！

目　录

图目录

表目录

第 1 章　引言

面对"信息爆炸",如何迅速从海量数据中获得所需的知识,成为一个迫切需要解决的问题。在这种背景下诞生了数据挖掘(data mining,DM)技术[1]。

随着信息技术的迅猛发展,数据挖掘技术面临的不仅是数据量越来越大的问题,更重要的还是数据的高维度问题。受"维度效应"影响,许多在低维数据空间表现良好的数据挖掘方法,在处理高维数据时,从中发现有价值的知识比较困难,甚至出现错误的结果[2~6]。

具有高维稀疏特征的对象—属性空间中的对象维和属性维的数据都是高维数据,如上所述,不能将传统的数据挖掘方法直接运用到高维稀疏数据的处理中。如果能对具有高维稀疏特征的对象—属性空间进行分割以获得其相应的子空间,那么高维稀疏数据的数据挖掘问题就能转化为维数较低的稀疏特征的对象—属性子空间的数据挖掘问题,高维稀疏数据的数据挖掘问题就会大大简化。

本书重点研究高维稀疏数据问题对象—属性空间识别技术，并针对该领域的若干相关问题，提出一些解决问题的新方法和新思路，并通过实验证明其合理性。

针对具有高维稀疏特征的对象—属性空间识别问题，本书开展如下研究工作。

（1）研究已有的高维数据聚类方法。

研究者用不同的思路设计了不同的高维数据聚类方法，本书将分析这些方法的优点与不足，为进一步提出更合理的方法奠定理论基础。

（2）研究已有的高维稀疏数据常用的数据预处理方法——维数约简方法。

在已有的高维稀疏数据维数约简方法研究工作中，研究者一般从选维（特征选择）和降维两个方面设计维数约简方法。本书将研究分析这些方法的实质，为提出更适合高维稀疏数据的数据预处理方法提供理论参考。

（3）改进和提出高效的高属性维数据聚类方法。

研究分析经典的高属性维数据聚类 CABOSFV 方法，针对该方法的局限性，提出一种改进的 CABOSFV 方法，这是本书的一个重要内容。

（4）提出高效的具有高维稀疏特征的对象—属性空间分割方法。

针对高维稀疏数据具有高维度和稀疏性的特点，对具有高维稀疏特征的对象—属性空间直接分割识别其对应的子空间，从而实现高维稀疏数据的预处理。本书将研究具有高维稀疏特征的对象—属性空间分割技术及其子空间进一步的优化问题，通过该技术可以获得具有高维稀疏特征的对象—属性的子空间，这是本书的核心研究内容。

针对以上优化问题和研究内容，本书分为七章。

第 1 章：论述本书的目的与意义和主要研究内容，最后给出全书的组织结构。

第 2 章：对本书所涉及的数据挖掘与知识发现理论做了较为基础的概述，重点介绍聚类分析内容、高维数据的形态和特点，分析高维数据常用的预处理方法——维数约简，最后系统概述目前几种主要的高维数据聚类分析方法。

第 3 章：提出一种改进的 CABOSFV 高属性维稀疏数据聚类方法。研究分析经典的高属性维稀疏数据聚类 CABOSFV 方法的不足，提出融合排序思想的高属性维稀疏数据聚类方法。

第 4 章：给出具有高维稀疏特征的对象—属性空间的定义，提出对具有高维稀疏特征的对象—属性空间分割的方法识别其子空间的思想，并提出一种新型的两阶段联合聚类的方法，实现对高维稀疏数据的对象维和属性维进行聚类分割以识别其子空间。

第 5 章：提出对象—属性边缘重叠区域的归属判断方法。研究发现了具有高维稀疏特征的对象—属性子空间边缘可能存在交叉重叠区域现象，设计了对象—属性子空间交叉重叠区域的归属判断目标函数。

第 6 章：提出高维稀疏对象—属性子空间优化方法。通过对对象—属性子空间识别过程的分析，发现对象属性取值全为零的子空间，在此基础上给出了非关联子空间的定义，揭示了非关联子空间的本质。结合冗余理论，得出进行高维稀疏对象—属性子空间优化的必要性，并提出剔除非关联子空间 RNASAUBSC 方法。该方法分析了非关联子空间的两种来源，并针对这两种不同来源的非关联子空间给出对应的优化方法。

第 7 章：总结与展望，总结本书的研究成果，指出进一步的研究方向。

本书结构及各章内容间的关系，如图 1-1 所示。

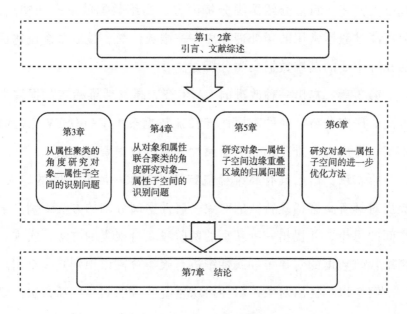

图 1-1 本书结构图

第 2 章　文献综述

数据挖掘技术的出现，为人们提供了一条解决这种"数据丰富而知识贫乏"困境的有效途径。数据挖掘从诞生伊始就是为应用服务的，它围绕实际问题设计方法，不断提高方法的时间和空间性能。随着研究与应用的深入，高维数据的数据挖掘及其相关研究已开始在数据挖掘领域全面展开。具有高维稀疏特征的对象—属性空间分割是高维数据挖掘的一个重要子领域，也是本书研究的核心内容。

2.1　知识发现与数据挖掘

2.1.1　数据库知识发现过程

数据库知识发现（knowledge discovery of database，KDD）[2]是从大量原始数据中挖掘出隐含的、有用的、尚未发现的信息和知识，其不仅被许多研究人员看作数据库系统和机器学习方面一个重要的研究课题，同时也被许多工商界人士看作一个能带来巨大回报的重要领域。

数据库中的知识发现技术[7]是 1989 年 8 月在美国底特律市召开的第一届知识发现与数据挖掘（knowledge discovery and data mining）国际会议上首次提出的，是从大量数据中提取出可信的、新颖的、有效的并能被人理解的模式的处理过程，是一种高级数据处理过程，是人工智能技术与数据库技术的结合，也是从数据库中提取有价值知识的过程。其研究的问题有定量知识和定性知识的描述、数据库知识发现的方法和知识发现的应用。

数据库知识发现过程如图 2 - 1 所示，整个过程可以粗略地理解为三个阶段[2]，即数据准备（data preparation）、数据挖掘、挖掘结果的解释与评估（interpretation and evaluation）。

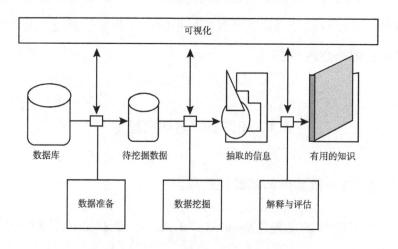

图 2 - 1　数据库知识发现的过程图

1. 数据准备

从完成的功能角度划分，数据准备阶段主要包括四个方面，即数据的净化[8,9]、数据的集成[10]、数据的应用变换和数据的精简[11~13]。

数据的净化是数据准备阶段的基础部分。这部分的功能是找出数据源中不正确的、不完整或其他方面不能达到数据挖掘质量要求的数据并清除，如删除重复记录等。数据净化能提高数据的质量，从而有助于提高数据挖掘结果的准确性。

数据的集成解决的是数据的异构问题，即将来自多个不同数据源的数据合并后存储，并消除其中的不一致性。

数据的应用变换功能是根据数据挖掘运算的需要完成数据相应的转换，这种转换的原因可以有很多，如金融工程中的数据需要考虑地域性，不同类型的变量进行聚类分析差异度的计算，等等。

数据的精简是运用某种方法减小参与运算的数据量，或者通过选维技术从初始数据中找出对数据挖掘贡献比较大的维，提高数据挖掘方法的效率与质量。

2. 数据挖掘

在经过数据预处理的数据集上，结合数据挖掘的目的，确定将要进行的数据挖掘功能，并选择相应的方法进行数据挖掘。这一阶段的工作一般是通过计算机编程实现的。

在数据挖掘过程中，首先根据数据挖掘的目的确定挖掘任务，然后结合实际对象的特点，考虑合适的数据挖掘方法。因为不同的数据有不同的特点，如高维数据相比低维数据有很大不同，正如前所说，通常，低维的数据挖掘方法直接应用于高维数据进行数据挖掘时，其挖掘的结果很难令人满意；同时，不同的用户对数据挖掘有着不同的要求，如有的用户可能希望获取描述型的、容易理解的知识，而有的用户的目的是获取预测准确度尽可能高的预测型知识。

因为数据库知识发现的核心是数据挖掘方法，所以，一直以来，该领域的研究重点和难点都是数据挖掘相关问题。但是，成功的数据挖掘的前提是方法使用得当，即对各种挖掘方法的要求或前提假设有充分的理解，或者说，选择一个真正适合解决问题的方法模型是数据挖掘成功的关键。

3. 挖掘结果的解释与评估

这个阶段的功能是完成数据挖掘结果的解释、分析和评价，并能根据用户的需求转换成为他们能够理解的知识。在实际应用问题中，还需要将得到的知识和相关专业知识相结合，集成到业务信息系统的组织结构中，使数据挖掘的结果在实际应用中发挥真正的作用。

数据挖掘阶段发现的知识，还需要通过用户或机器的评估找出并剔除其中的冗余模式；同时，如果得到的模式不能满足用户要求，这时则需要重新开始整个发现过程，包括数据源的重选、更换数据转换方法、数据挖掘方法参数的重设等，直到获得用户满意的数据挖掘结果。

数据挖掘定义为，"在数据中发现有效的、新颖的、潜在有用的、可理解的模式的非平凡过程"[2]。在一开始，数据挖掘被看作数据库中知识发现的一个基本步骤[14]。后来，数据挖掘成为 KDD 的代名词。一般来说，KDD 这一名词多用于人工智能和机器学习领域；而统计、数据分析、数据库和管理信息系统领域的研究人员则更加愿意使用数据挖掘这一名词。

随着数据挖掘相关研究的不断深入，研究者取得了一些研究成果，如 *Journal of Intelligent Information Systems*、*EEE Transaction on Knowledge and Data Engineering*、*International Journal of Intelligent Systems* 等。第一本专门的关于数据挖掘的期刊 *Data Mining and Knowledge Discovery* 由 Usama Fayyad 博士于 1996 年创办，早在 1997 年就开始面向全球正式发行，目前该刊物已经被公认为数据挖掘领域的顶级刊物。另外，后来出现的刊物，如美国计算机协会（Association for Computing Machinery，ACM）创办的 *SIGKDD Explorations*、*Knowledge and Information Systems*、*International Journal of Business Intelligence and Data Mining* 和 *International Journal of Data Warehousing and Mining* 等，在数据挖掘领域也同样具有重要的影响力。

回顾数据挖掘发展历史，从 1996 年只有一个专门的数据挖掘会议——KDD 1996，到 2005 年关于数据挖掘的专题会议的数量超过 20 个，而全年发表的相关文章数翻了百倍，在亚洲尤其是在中国，数据挖掘的研究与应用发展的速度更为迅猛[15]。

数据挖掘是一门具有广泛应用背景的学科，从某种角度来看，正是实际应用的需要推动了数据挖掘的产生和发展。商业智能（business intelligence，BI）就是其中一个典型的应用。1996年，Gartner Group 提出了 BI[16,17]，并给出了其定义："一类由数据仓库（数据集市）、查询报表、数据分析、数据挖掘等部分组成的，以帮助企业决策为目的的技术及其应用。"事实上，数据挖掘是实现商业智能的一项关键技术，因为它把先进的信息技术应用到整个企业，为企业提供信息获取能力，更重要的是，通过对信息的开发将其转变为企业的竞争优势。

随着互联网（Internet）的发展，数据在实际应用中遇到的各种类型的高维数据呈爆炸式增长。对这类数据进行分析、组织和总结，提取各种文档中所隐含的联系、规则和模式，是数据挖掘在"Internet时代"的另一个重要应用。目前国内外数据挖掘领域对高维数据挖掘的研究已经成为热点，相关研究包括高维稀疏数据挖掘[2,18]、复杂数据对象的高维分析[19]、多媒体数据库的数据挖掘[20]、时间序列的挖掘[21]、文本数据库挖掘[22]、Web挖掘[23]及数据流挖掘[24]等。

2.1.2　数据挖掘任务

数据挖掘主要有两类模式：一类为描述型（descriptive）模式，另一类为预测型（predictive）模式[25]。

描述性挖掘任务是对数据库中数据进行一般特性刻画，或者根据数据间的差异度将其分组。但是，描述型模式不能直接用来进行预测。

预测性挖掘任务[25]则是根据数据项的值推理出某种模式，然后根据这种模式预测未知某种结果的模式。例如，根据血象检查的数据，有这样的模式：白细胞比例在6~12范围属于正常，超出12则表示病毒感染，需要用抗生素治疗。当有人感冒感觉不舒服时，医生就根据这个模式判断这个病人是否需要用抗生素治疗。

按照功能或者可以发现的不同模式，数据挖掘主要分类如下。

1. 关联规则发现

Agrawal 等首先提出了关联规则（association rule）挖掘问题[26,27]，最初用于挖掘顾客交易数据库中数据集间的关系，后来用于查找不同数值域或者数据属性之间的关联，以发现多个数值域之间有趣的、有价值的联系。

关联规则的目标是在数据库中寻找数据对象间的关联模式。实际上，关联性是一种统计意义上的关系，并以置信度因子衡量关联的程度。因此，关联规则给出的是一个概率事件，如"因为某些事件的发生而导致其他一些事件的发生的概率"等；又如著名的"啤酒与尿布"关联：通过分析超市的购物数据，发现 2/3 的顾客在购买啤酒的同时也会购买尿布。关联模式主要用于零售业交易数据分析，为物品的合理摆放位置（营销策略）提供决策支持，刺激产品的销售。当前，在购物篮或事务数据分析以及金融等领域中已经广泛采用关联规则进行规则分析。

2. 分类和预测

分类（categorization or classification），简单地说，就是按照某种标准给对象贴标签，然后根据该标签来区分归类，即对数据集中的数据进行数据挖掘获得有关该类数据的描述或模型，然后再根据这种描述或者模型进行分类。

预测是根据历史数据找出其中的规律，建立相应的模型，并根据此模型来预测未来数据的种类和模式等。其使用的主要方法有分类和回归两种。

不论是分类还是预测，都能导出多种规则，如分类（if-then）规则、决策树或神经网络等。数据对象的类标记通常是分类预测的结果。而在实际应用中，缺失或者未知的值则需要通过预测来获得。

3. 离群点分析

数据库中可能包含一些与数据的一般行为或模型不一致的数据对象，这部分数据对象称为离群点（outlier）[28]。离群点在大部分数据挖掘方法中被当作噪声或异常值处理。但是，在一些特殊应用中如恶意交通肇事案、金融行业的恶意欠款等，则往往对这种小概率或异常事件更感兴趣。离群点数据分析称作离群点挖掘（outlier mining）。离群点的挖掘方法分为以下几类。

（1）基于统计方法的离群点检测。对给定的数据集合利用统计的方法得到一个概率分布模型，孤立点的确定则可以在参照模型的基础上采用不一致性方法来检验。检验的条件是已知分布参数、数据集参数和预期的孤立点的数目。

（2）基于距离的离群点检测。对于给定的数据对象集合 S，对象 O 中存在至少与 P 部分的距离大于 d，则对象 O 称为基于 P 和 d 参数距离的离群点。这种方法与统计检验无关，而仅仅考虑距离，将没有"足够多"邻居的对象称为"基于距离的离群点"[29]，这里的邻居的数目是根据给定对象间的距离来判断的。

基于距离的离群点检测以距离作为判断的依据，该方法有效解决了统计方法中存在的多个标准分布的不一致性检验的问题。

（3）基于偏移的离群点检测。离群点的判定是通过检验一组对象的主要特征来完成的，这一点类似于模式识别[30]。在给定的一组特征描述的基础上，当被考察对象与特征描述相差超过给定的阈值时，则被认为是离群点。

4. 数据演变分析

数据演变分析（evolution analysis）是指对象变化的规律或趋势随时间的变化而变化。分析包括与时间相关的数据的特征化、关联、区分、聚类或分类等操作，其方法包括序列或周期模式、匹配时间序列数据分析和基于相似性的数据分析[31,32]。

5. 聚类分析

聚类（clustering）是数据挖掘领域最为常见的技术之一，用于发现在数据库中未知的对象类。聚类也可应用于分类操作，同一类数据形成一个聚类，不同的聚类形成分类。由于聚类的有关知识是本书的基础。因此，下面综述聚类分析。

2.2　聚类分析

聚类分析[1]划分对象的依据是"物以类聚"，即考察个体或数据对象间的相似性，满足相似性条件的个体或数据对象划分在一组内，不满足相似性条件的个体或数据对象划分在不同的组。聚类产生的每一个组称为一个类（cluster）。因为对象类划分的数量与类型在数据挖掘之前均是未知的，数据挖掘是一种典型的无监督分类，所以，在数据挖掘后对数据挖掘结果的合理分析与解释是很重要的。

根据聚类的原理，聚类分析方法主要分为五类，即分割聚类方法、层次聚类方法、基于密度的聚类方法、基于网格的聚类方法和基于模型的聚类方法（model-based clustering）[33,34]。下面分别介绍这几种聚类方法。

1. 分割聚类方法

分割聚类方法（partitioning clustering method）也叫划分聚类方法，是一类经典聚类分析方法，是一种基于某种原型（prototype）的聚类方法。该方法根据某种规则初始划分所有对象，然后采用迭代的重定位技术，使数据对象在划分之间来回移动，实现最优划分，其划分标准是相似度或者差异度大小，使同一个类中的对象是"相似的"，不同类中的对象是"不同的"。

根据采用的原型的不同，分割聚类方法主要包括 k-means[1] 和 k-medoid[3] 两大类方法。

1967 年，Mac Queen 首次提出了 k 均值聚类方法（k-means 方法），它是一种经典的基于划分的聚类方法，也是 EM 方法[35] 的特例。

设对象个数为 n，聚类个数为 k，x_i（$i=1, 2, \cdots, n$）$\in D$，C_j（$j=1, 2, \cdots, k$）$\subseteq D$，最常用的目标函数为

$$\sum_{i=1}^{n} \min_{j=1}^{k} d(x_i, z_j) \qquad (2-1)$$

其中，在 k-means 方法中，z_j 为 C_j 的中心；而在 k-medoid 方法中，z_j 为 C_j 中离中心最近的一个对象。

1）k-means 方法

该方法是以平均值（mean）作为类的"中心"的一种划分聚类方法。假设有 n 个对象需要分成 k 类，其中 k 为聚类的个数，其值需事先设定。该方法的步骤如下。

步骤 1：任意选择 k 个数据对象分别作为 k 个类的初始原型或"中心"。关于初始对象的选择方法有很多，常用的如经验选择法、随机选择法、抽样法等。

步骤 2：根据差异度最小的原则，找出与各个对象最为相似的类，并把各个对象分配到其相应的类中。

步骤 3：重新计算所得每一个类的所有对象的平均值，并将该平均值替代原类的"中心"，成为其新的"中心"。

步骤 4：再次根据差异度最小的原则，重新聚类。

步骤 5：重复步骤 3 和步骤 4，直到所有的聚类不再发生变化为止。

k-means 方法能对大型数据集进行高效分类，其计算复杂度为 $O(tKmn)$，其中，t 为迭代次数；K 为聚类数；m 为特征属性数；n 为待分类的对象数；通常 K、m、$t \ll n$。但是该方法也具有不足之处，如通常会在获得一个局部最优值时该方法自行终止、仅适合对数值型数据的聚类，且该方法局限于聚类结果为凸形（即类为凸形）的数据集，等等。

2）k-medoid 方法

k-medoid 方法中各个类的原型或"中心"是"medoids"，同样，根据差异度最小的原则进行迭代聚类。

事实上，k-means 方法中的"中心"是虚拟的，并不是某个确实存在的数据对象。因此，k-medoid 方法与 k-means 方法的区别就在于类的原型的选择，也就是说，如何确定聚类的初始"中心"。假设有 n 个对象需要分成 k 类，而这 k 个类的近似中心就是上面提到的 medoids，并且按照差异度最小的原则使聚类的

质量达到最好的 k 个对象。

比较著名的 k-medoid 方法有 PAM（partitioning around medoids）方法、CLARANS（clustering large applications based on randomized search）方法[37]和 CLA（clustering large applications）方法[36]。

划分聚类方法有一定的局限性，如聚类的形状、大小和密度以及聚类数目等。同时，样本尺寸大小、数据集的规模和数据集中数据点分布的复杂形状，都会对聚类质量产生影响。

2. 层次聚类方法

层次聚类方法（hierarchical clustering method）是对给定数据对象集合进行层次分解的方法。该方法是通过某种搜索模式，在不同的层次上对对象进行分组，形成一种树形的聚类结构。

根据搜索模式的不同，层次聚类方法可以分为两类，即"自顶向下（top-down）"分解型层次聚类法（divisive hierarchical clustering）和"自底向上（bottom-up）"聚结型层次聚类法（agglomerative hierarchical clustering）[38]。

一般来说，分割聚类方法需要结合一种迭代控制策略进行聚类，从而优化聚类的结果。与分割聚类方法相比，找到最佳的聚类结果并不是层次聚类方法的目标。

层次聚类方法的核心思想是相似度或者差异度与阈值的大小关系，将最相似的部分合并，或者是将最不相似的两个部分分类。如果合并最相似的部分，那么，从每一个对象作为一个类开始，逐层向上进行聚结层次聚类，直到满足预先设定的终止条件为止。例如，类的数目达到预定值，或者是最近的两个类之间的距离达到设定的阈值就进行合并。若分割最不相似的两个部分，从所有对象归属在唯一的一个类中开始，逐层向下分解，直到满足一些预定的条件，这便是分解型层次聚类法。两种方法的运算过程如图 2 - 2 所示。

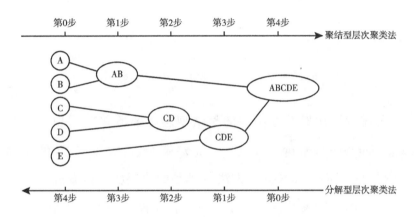

图 2 - 2　聚结型层次聚类和分解型层次聚类法的比较

在层次聚类方法中，判断各个类之间相似程度的依据通常是差异度值的大小。下面介绍常用两个类之间基于距离的差异度计算。

假设 C_i 和 C_j 是聚结过程中同一层次上的两个类，n_i 和 n_j 分别是 C_i 和 C_j 两个类中的对象数目，且 $p^{(i)}$ 为 C_i 中的任意一个对象，$p^{(j)}$ 为 C_j 中的任意一个对象，f_i 为 C_i 中对象的平均值，f_j 为 C_j 中对象的平均值，则

1）平均值距离

$$d_{\text{mean}}(C_i, C_j) = d(f_i, f_j) \tag{2 - 2}$$

2）平均距离

$$d_{\text{average}}(C_i, C_j) = \frac{1}{n_i n_j} \sum_{p^{(i)} \in C_i, p^{(j)} \in C_j} d(p^{(i)}, p^{(j)}) \qquad (2-3)$$

3）最大距离

$$d_{\max}(C_i, C_j) = \max_{p^{(i)} \in C_i, p^{(j)} \in C_j} d(p^{(i)}, p^{(j)}) \qquad (2-4)$$

4）最小距离

$$d_{\min}(C_i, C_j) = \min_{p^{(i)} \in C_i, p^{(j)} \in C_j} d(p^{(i)}, p^{(j)}) \qquad (2-5)$$

传统的层次聚类方法中的聚结型层次聚类方法［如 AGNES（agglomerative nesting）方法］和分解型层次聚类方法［如 DIANA（divisive analysis）方法］都是经典层次聚类方法。

传统的层次聚类方法易于理解，使用简单。但是各个类的大小和其中对象分布形状同样会影响聚类的结果，在对象分布形状比较特殊的情况下，甚至可能会产生错误的聚类结果。

同时，层次聚类方法的时间复杂度较高。一般来说，聚结型层次聚类方法的空间复杂度为 $O(n)$，平均时间复杂度为 $O(n^2 \log n)$，最坏的情况下，时间复杂度可以达到 $O(n^3)$。

层次聚类方法的另一个不足是：该方法终止条件不易确定，选择合并点或分解点比较困难。同时，由于每一次类的聚结或分解都是不可逆的，即当某一步骤的合并或分解过程完成，这个处理是不能被撤销的。而在某一步骤没有合理选择好合并或分解点的话，就会导致聚类质量的降低，即该方法没有良好的可伸缩性。

为了克服层次聚类方法的不足，研究者做了大量的研究工作，提出了很多方法来提高层次聚类的结果，其代表方法主要分为两类：一类方法是综合了层次凝聚和迭代的重定位方法，首先利用凝聚层次聚类方法进行聚类，然后运用重定位方法对结果重新分类，如 BIRCH（balanced iterative reducing and clustering using hierarchies）方法[39]。另一类方法则是在每层聚类结果中，考虑了子聚类之间的互连性和相似性，如 CURE（clustering using representatives）方法[40]、ROCK 方法[41]和 Chameleon 方法[42]。

CURE 方法是在 1998 年提出的聚结型层次聚类方法，可以用于处理大规模数据集。CURE 方法的思想是：采用抽样和分割策略构成了有效的预聚类方案，在不影响聚类的质量的前提下，降低了需要处理的数据量，提高了该方法的效率。该方法不受对象分布形状的限制，能够处理其分布形状大小差别比较大的类，如球形、非球形及混合型等许多复杂形状的聚类，并且能够更灵活地处理异常值。但是，该方法对参数设置敏感，设置不同的参数值得到的聚类结果差别比较大。

1999 年提出的 ROCK 方法属于聚结型层次聚类方法，被用来解决分类变量属性聚类问题。该方法的思想是：通过构筑一个稀疏图（sparse graph），采用互连度（interconnectivity）计算两个类之间的相似性。而互连度的计算则依赖于不同的类拥有的共同邻居（neighbor）的数目。

同年在 ROCK 方法的基础上提出了 Chameleon 方法。Chameleon 方法采用互联度和接近度（closeness）来衡量两个类之间的相似性。该方法判断两个类之间的互联度和接近度与类的内部对象间的互联度和接近度是否高度关联。如果高度关联，则将这两个类进行合并。该方法具有处理不规则形状聚类的能力。

3. 基于密度的聚类方法

基于密度的聚类方法（density-based clustering method）根据局部数据特征来识别类：只要临近区域的密度超过某个阈值，就继续执行聚类。在数据空间中，类是由低密度区域分割出来的高密度对象区域，而那些位于低密度区域中的数据点被视为噪声。

多数基于密度的聚类方法对形成的聚类形状没有限制，同时，对类中对象的分布也没有特别的要求。

基于密度的聚类方法一直以来都是研究的一个热点，取得了丰硕的研究成果，如 1996 年提出的经典的基于密度方法——DBSCAN（density-based spatial clustering of applications with noise）方法[43]及其相关的改进方法[44]、小波分析法——Wave Cluster 方法[45]、DENCLUE（density-based clustering）方法[46]、基于网格方法——CLIQUE（clustering in quest）方法[47]和 OPTICS（ordering points to identify the clustering structure）方法[48]等。事实上，小波分析法——Wave Cluster 方法、DENCLUE 方法和基于网格方法同时也是基于网格的聚类方法。

DBSCAN 方法是经典密度聚类方法，其主要思想是：根据要求输入两个参数，即半径 ε 和对象的最小数目 MinPts，如果一个对象在其半径为 ε 的邻域内包含的对象不少于 MinPts 个，那么在该区域内的对象都是密集的。DBSCAN 方法中的类被看作一个按一定规则确定的最大密集区域。对于没有被包含在任何类中的对象，即存在于稀疏区域中的对象则被认为是噪声。DBSCAN 方法具有不受聚类形状的限制、不受异常值的影响等优点。但是，该方法需要事先输入两个参数 ε 和 MinPts，而且该方法对这两个参数非常敏感，合理设置这两个参数值往往十分困难。

OPTICS 方法是在 1999 年提出来的，与 DBSCAN 方法不同的是：该方法并不明确地生成数据类，而是将对象根据密度进行排序，得到对象的内在聚类结构，通过图形显示对象的分布及内在联系。

1998 年提出的 DENCLUE 方法运用密度分布函数通过识别密度吸因子（density attractor）方法进行聚类。密度吸因子是密度函数的局部极值点。该方法结果不受异常值的影响。

4. 基于网格的聚类方法

基于网格的聚类方法（grid-based clustering method）是将数据空间划分成有限个单元（cell）的网格结构，所有的处理都是以单个的单元为对象的方法，所以，网格聚类方法也属于层次聚类方法。该方法的基本思想是：对于多维空间的网格，将每一维划分成区间，对网络进行编码并统计每个网格中的记录个数，每个网格用网格中心点作为代表点。判断每个网格中的记录是否小于异常点阈值并标记该网格为异常点。距离最远的两个非异常点网格代表两个初始类，判断其他未被分类的非异常点网格与距离最近的现有类的代表网格之间的距离是否小于聚类阈值：如果网格之间的距离小于聚类阈值，则将该网格分配到对应类中；否则将该网格标记为一新类，一直迭代至所有网格分类完毕。

经典的网格聚类方法有 CLIQUE（clustering in quest）方法[53]、BANG（balanced and nested grid）方法[54]、Wave Cluster 方法和 STING（statistical information grid）方法[55]。

CLIQUE 方法是一种适用于高维数据的聚类方法。针对高维空间数据集，该方法采用了子空间的概念来进行聚类，该方法的主要思想是：如果一个 k 维数据区域是密集的，那么其在 $(k-1)$ 维空间上的投影也一定是密集的。所以，可以通过寻找 $(k-1)$ 维空间上的密集区来确定 k 维空间上的候选密集区，从而大大降低了需要搜索的数据空间。CLIQUE 方法适用于处理高维数据，也可应用于大数据集。另外，该方法还给出了用户易于理解的聚类结果最小表达式。

这类方法的主要优点是，处理速度快，有利于并行处理和增量更新。其缺点是，聚类结果的精确度不高，且网格聚类方法中网格划分的大小直接影响聚类质量，如网格划分太粗糙，会造成不同聚类的对象被划分到同一个单元的可能性增加；相反，划分太细致，会得到很多小的聚类，因此如何找到合适的网格大小提高聚类的质量一直都是基于网格的聚类方法的目标。

5. 基于模型的聚类方法

基于模型的聚类方法给每一个聚类假定一个模型，然后在数据集中寻找能够很好地满足这个模型的对象。这个模型可能是数据点在空间中的密度分布函数，它由一系列的概率分布决定。基于模型的方法有两类，即统计学方法[56]和神经网络方法[57]。

6. 聚类有效性

聚类有效性（cluster validity）通常是指对聚类方法结果进行量化评价的方法[49]。随着研究不断深入，研究者提出了一系列聚类有效性评价指数[50,51]。聚类有效性指数是以一个定量的、客观的函数值来评价聚类结果的。其主要应用包括两个方面：如果聚类的数目是事先知道的，聚类的有效性对比不同的聚类方法得到不同的聚类结果；如果聚类数目事先是不知道的，为了选取数据集最佳的聚类数目，通常需要对比不同聚类数目条件下聚类结果之间的差异。

总的来说，评价一个聚类方法的结果从计算方法上大致可以有三大类，即内部评价准则、外部准则及相对评价准则[52]。

（1）外部准则

外部准则通过分析对比聚类方法产生的结果与数据集"真实"的分类情况，评估聚类方法的有效性，即每个数据点的正确分类为已知，在已有基准参考的基础上设计聚类分析的评价函数。在这种情况下忽略聚类的期望特征，而只是关心聚类所得结果相对于已有分类标准的有效性。其主要方法包括纯净度、聚类熵和 F-measure。

从 20 世纪 70 年代开始就出现了许多著名的准则，这其中包括聚类错误（Clustering Error，CE）、Wallance indices、Rand Index（RI）、Fowlkes-Mallowsindex 和 Jaccard index 等[62]。外部评价指标还包括在分类研究中常用的 F1 和 Recall 准则。

由于这些准则通常在没有考虑类所处空间的情况下对比数据点划分的差异，因此，有效性相对低些。针对这种情况，Patrikainen[52] 扩展了 CE 等用于比较子空间聚类的结果。

（2）内部评价准则

在处理的数据集的结构未知、不能依据外部提供的标准信息来评价的情况下，则选用内部评价准则。这时聚类结果的质量评价依赖自身的特征属性，如类内方差，即类内数据点距离误差平方和，k-means 方法的局部最优度量就是基于此概念提出的。

因内部准则和外部准则都是基于统计信息的，计算的复杂度较高。

（3）相对评价准则

相对评价准则是基于不同聚类选项的，在同一数据集上以不同的聚类选项和参数多次执行一个或多个聚类方法，目的是发现这些不同的聚类选项和参数下具有最佳质量的聚类结果。相对评价准则的重要部分是有效性指数（validity index），包括 SD 有效性指数和 Dunn 指数两种。其中，Dunn 指数被用来度量类距离与类直径之间的比例。

相对评价准则使用的方法主要包括聚类融合（clustering ensemble）[53]、元聚类（metaclu stering）[54]等。

一般来说，每个聚类中的目标尽量“相似”或“接近”，而不同组的目标尽可能“相异”或“远离”。所以，通常衡量一个聚类方法产生结果的好坏的指标主要有两个，即类内紧凑度（compactness）和类间分离度（separaaon）。

类内紧凑度，指每一个类中的对象成员应该尽可能地紧凑。常用的紧密性衡量方法是方差。

类间分离度，指不同的类之间应该很好地被分开。实际应用中主要有三种方法来衡量两个类之间的距离，即最近对象距离、最远对象距离以及类中心距离。

2.3　数据挖掘所面临的挑战

数据挖掘技术作为在数据库和信息系统中最前沿的研究应用方向之一，已经获得了学术界和工业界的广泛关注，但其广阔的应用前景为许多研究人员和商业公司所关注的同时，也面临着一些棘手的问题，如为了使数据挖掘过程有效，首先需要检查所设计的数据挖掘系统是否满足预先的期望，等等。另外，数据挖掘发展到今天也面临着一些挑战[55]：①数据挖掘的集成，能够在任何地方任何时间点完成数据的集成、理解和挖掘任务；②信息网络的挖掘，在信息网络中如何找到互相关联、结果相异的数据；③数据挖掘结果的可用性、确定性及可理解性亟待提高；④高维数据的处理能力；⑤适应于时代需求的基于数据挖掘技术的新型智能决策支持系统的研究与开发。

正如哲学中指出的，任何事物都具有两面性。以上这些难题为现代数据挖掘技术的研究提供了方向，其中主要包括以下几个方面[56]。

（1）挖掘方法的执行效率和可伸缩性[57]。随着数据挖掘在各行各业应用的不断深入，处理的数据库的规模已经呈指数增长，从 MB 规模到 GB 规模和 TB 规模，发展到现在的 PB 规模。而传统的数据挖掘方法只适用于处理数据量比较小的情况，如几十个或者几百个数据对象，而对于大型数据量，这些传统方法就显得有些力不从心。

（2）处理混合性数据。目前数据挖掘系统处理的基础主要是关系数据库，但是，随着应用范围的不断扩大，所要处理的数据类型也会相应增加。因此，数据库中包括大量类型复杂的、结构异同的数据是必然的趋势，如无结构化数据、图像数据、全球定位系统（global positioning system，GPS）数据、事务数据及历史数据等。数据挖掘系统必须具有有效地处理异构数据的能力。

（3）数据挖掘系统的交互性[58]。在数据挖掘过程中，如果操作者能够适当参与其中，将有助于提高数据挖掘的质量。一方面，提供交互界面用以接收用户的查询、检索要求和数据挖掘策略以及方便用户表达要求和策略；另一方面，交互界面又能把挖掘结果传递给用户，结果的形式可以是多种多样的。因此，研究准确而直观的、描述挖掘结果的、友好的、高效的用户界面（交互窗口）也是一个重要的方向。

（4）Web挖掘[59]。网络技术的发展使得Web具有大量信息，并且其对当今社会的作用越来越重要，相应的，关于Web中的内容挖掘、日志挖掘以及互联网的数据挖掘服务的研究已经兴起，将受到越来越多的关注。

（5）信息安全与隐私保护[60]。能从不同的角度、不同的抽象层上看待数据是数据挖掘的特点，这将对数据的私有性和安全性产生潜在的影响。而现代生活中，人们越来越注重隐私的保护，而计算机网络的广泛应用使非法数据入侵成为数据挖掘研究亟待解决的实际应用问题之一。

（6）新的应用领域探索。信息技术的发展与应用拓展了数据挖掘的应用空间，特别是在生物制药、商业智能服务、网络应用服务等领域，数据挖掘将会成为新的研究热点。同时，由于通用数据挖掘系统在普适方面存在局限性，因此，特定的应用领域需要研制相应的数据挖掘系统。

（7）数据挖掘语言的标准化[61]。数据挖掘行业的标准化工作将有助于数据挖掘系统的研究和开发，同时也方便用户使用和学习数据挖掘系统。研究知识发现的专属语言，可以使其像SQL

语言一样走向形式化和标准化。

（8）数据挖掘结果的可视化[62]。可视化的作用是，数据挖掘的结果可以帮助用户有效地发现知识。目前数据挖掘结果的可视化形式还主要体现为简单语言描述，如果数据挖掘过程及其结果都能可视化，将会使数据挖掘过程变得更为生动、形象和具体。通过变换和调整数据和结果的图形展示，帮助分析人员和用户的理解，将有力促进数据挖掘分析工具在知识发现和数据分析中的应用。

2.4　高维数据

2.4.1　高维数据的形态

数据挖掘技术在许多领域已经得到了广泛的应用，在这些应用中，由于现实的世界是复杂的世界，所有现实世界中获得的数据也越来越复杂，其突出表现之一就是，数据的属性很多或维数很高，其维数甚至高达上千乃至上万维。对这类数据进行挖掘就是高维数据挖掘问题。下面列举一些常见的高维数据类型[2,63~68]。

1. 基因表达数据

基因表达数据最初是用来解决基因芯片问题的，如酵母基因芯片实验可产生 6223 种基因在 79 种条件下的表达数据。如果用行向量表示基因对象，列向量代表条件，则基因表达数据就可以用矩阵描述，即 DNA 微阵列数据。后来，该数据被应用到生物学领域，成为该学科的一项突破性技术微阵列（microarray）。实际应用中，微阵列可以用来对单个细胞样本中的基因进行定量研究，计算一个基因在特定条件下的 mRNA 的相对丰度。

2. 文本和 Web 数据

在信息检索领域中常用的文档，如果一个特征词向量对应一个文档，则用特征词向量属性描述某个特征词在该文档中出现的频率或对该文档的贡献。为了方便搜索引擎的使用，常常提供成千上万个特征词，描述该文本的属性也可以包括很多，因此，这种表示文档的特征词向量是一种高维数据。

对于 Web 数据，如果把 Web 服务器中的每一个 Web 页都看作一个对象，用属性如用户是否访问该网页或在该网页停留的时间等来描述对象，由于服务器可以有很多 Web 页，且其描述对象的属性也很多，那么，这种 Web 数据的描述是一种高维数据。

3. 图像数据

在图像识别中，需处理的数据通常是 $m \times n$ 大小的灰度图像。如果把每幅图像看作图像空间中的一个点，那么该空间的维数将是 $m \times n$ 维。例如，当 $m = n = 25$ 时，维数就可达 625 维。

4. 购物篮数据

零售商业中客户所购商品的交易数据统称为购物篮数据，其包括所有客户购买商品的种类、数量以及购买的次数。在交易数据库中，如果将客户的每次购物行为作为对象，购买的具体商品作为属性，那么，可以用对象属性的关系描述客户的购买情况。通常，为了描述问题的方便，交易记录中用"1"表示有客户购买了某种商品或一个其他有意义的数值，如商品的件数或价值等，用"0"或计为空表示客户没有购买这种商品。超市中购物的客户人数可以成千上万，购买的商品同样是多种多样的，这种购物篮数据实际上是一种高维数据。

5. 时间序列数据

在实际应用中，如果在相同的时间间隔或相同的采集频率得到一组随时间变化而变化的数据，这就是时间序列数据。这类数据的典型特征是，该数据是，关于时间的函数，如自动化生产过程中的实时数据、历史数据，证券期货（包括股票）的交易数据等。

如果相同的时间间隔用时间序列 t_1，t_2，$\cdots$，t_n 来表示，事件在这段时间序列内的取值用 x_1，x_2，$\cdots$，x_n 来表示，那么，事件可以表示为 $X = x_1$，x_2，$\cdots$，x_n，即时间序列数据就成了一个 n 维的向量。在实际中，时间序列的长度很长，因而时间序列数据是一种高维数据。

另外，在信息安全等的应用中，数据也普遍存在高维和大规模的特点。

2.4.2 高维数据的特点

杨凤召[6]和陈黎飞[69]总结了高维数据的特点，可概括为以下三个方面。

1. 稀疏性

假设一个 d 维的数据集 D 存在于一个超立方体单元 a [0，1]^d 中，数据在空间中的分布均匀，并且各个维数据之间是相互独立的。在一个边长为 S 的超级立方体范围内，一个点在这个范围内的概率为 S^d （$s < 1$），这样，随着维数 d 的增大，这个概率

的值会越来越小，即在一个很大的范围内很可能存在没有任何数据点的现象。例如，当 $d = 100$ 时，一个边长为 0.95 的超级立方体范围只包含 0.59% 的数据点。由于这个超级立方体范围可以位于数据空间的任何地方，由此得出结论，在高维空间中数据点是异常稀疏的。

2. 空间现象

笔者曾做过一个实验，关于正态分布数据的密度函数，当维数大约增加到 10 维时，竟然只有不到 1% 的数据点分布在中心（期望值附近）。

3. 维度效应[4]

Bellman 提出了"维度效应"这一术语，其最初的含义是指，不可能在一个离散的多维网格上用蛮力搜索去优化一个有着很多变量的函数。原因是，网格的数目会随着维数即变量的数目呈指数级增长。例如，在维度小于 16 维（$d < 16$）时，聚类方法中使用的索引会有效地发挥作用，但当维数 $d > 20$ 时，它们的性能就会降到顺序搜索的水平。随着时间的推移，"维度效应"这一术语用来泛指在数据分析中遇到的由于变量（属性）过多而引起的所有问题。

"维度效应"在高维数据聚类中引起的这些问题主要表现在三个方面。

（1）距离函数难以定义。聚类分析中聚类的判断依据是数据对象之间差异度的相对大小，差异度值小的对象聚为一类，差异度值大的对象则各为一类。在低维空间中，经常使用距离标准如欧氏距离等来度量差异度，而在高维空间中，由于相似性没有传递性，这种基于距离函数的差异度计算的方法将失效，必须考虑新的度量数据对象相似性或者差异度的度量方法。

（2）距离趋零现象。在高维情况下，按距离计算的类的均值会很接近，对于给定的数据点，距离其最远和最近的数据点间的距离会随着维度的增加渐趋于零，这称之为"差距趋零现象"[70]。数据挖掘方法由于无法明确区分类的中心而无法进行。

（3）计算复杂度高。由于高维数据维数很高，传统聚类方法的计算复杂度会相应地增加，甚至导致效率低到不可接受的状态，这使得数据挖掘方法的应用有着极大的局限性。

一般来讲，处理高维数据进行聚类分析的常用方法是降维（维度约简），将高维数据空间通过某种方式转化为低维的可处理的空间，并且聚类结果能够扩展或映射到整个高维空间。下面主要从聚类的角度阐述"维度约简"相关内容。

2.5　维度约简

维度约简俗称降维，就是把高维数据映射到低维空间的数据处理过程，其目的是在最大限度地保持数据之间差异的前提下，消除不相关或冗余的维。维度约简也可以认为是将高维数据通过某种技术（如映射的方法）把数据点转换为更低维空间上的表示，实现数据的紧凑表示的方法。这种转换后的低维数据表示将有利于对数据的进一步处理，如可以利用传统的方法在归约后的空间完成挖掘。

根据维数约简映射形式的不同，如果映射函数 f 是线性函数，称为线性维数约简方法。经典线性维数约简方法有主成分分析法（principle component analysis，PCA）和经典多维标度变换法等；如果映射函数 f 是非线性函数，则称为非线性维数约简方法，常见的非线性维数约简方法有等距特征映射法、局部切空间排列法、局域线性嵌入法和拉普拉斯算子特征映射法等。

根据约简方式的不同，维度约简可分为特征变换（feature transformation）和特征选择（feature selection）两种[4,71]，二者的主要区别在于是否在原始特征空间上进行相应的变换。

特征变换应用某种方法对原属性进行重新组合，目的是生成新的、数量较少的属性；特征选择则是在原空间中通过剔除认为不重要或者不太重要的属性的方法实现维数约简。

根据是否考虑属性子集的差异，则可将其分为全局维度约简（global dimension reduction，GDR）和局部维度约简（local dimension reduction，LDR）两类方法[71,72]。

1. 特征选择

特征选择是从原始高维空间中选取若干认为重要的属性构成新的对象属性空间替代原数据空间。例如，与问题相关的数据集中可能包含非常多的维（属性），根据一些从实践中得到的关于数据的先验知识可以判断这个数据集中的某些维对数据挖掘根本就没有贡献或者说贡献小，即存在冗余属性。冗余是指重复了包含在一个或多个其他属性中的许多或者所有信息。例如，某种产品的销售情况和产品的市场价格之间包含了许多相同的信息。不相关属性是指包含对于当前的数据挖掘任务几乎完全没有用的信息，如学生的籍贯对于预测学生未来就业的行业来说是不相关的。

这些冗余和不相关的属性将增加数据挖掘方法的复杂度，甚至会影响最终挖掘结果的质量。因此，通常在数据挖掘的数据预处理阶段，需要进行"特征选择"以消去无关的或关联度不大的属性维，实现维度约简的目的。

一般来说，特征选择与数据挖掘方法没有直接的关系。特征选择根据属性或属性集的评价运用某种搜索策略找出更需要的属性或者属性集。特征选择中常用的搜索策略主要包括四种，即随机搜索、前向搜索、后向搜索和组合方法以及加权方法。

实际上，如果从属性权值的角度来看，特征选择的过程也是维度加权的过程，不重要或不相关的属性被赋予很小的权值，甚至是零。

近年来，关于特征选择方面的研究取得了一些成果，如文本挖掘中著名的无指导方法（inverse document frequency，IDF）[73]、顺序特征选择方法[74]、遗传方法[75]和基于分形的特征选择方法[76]等。

2. 特征变换

特征变换是指在输入特征空间上做一种变换（如线性变换）得到新的特征空间，且在这个空间中选取一定的特征来作为对原模式的描述，从而使数据挖掘方法能在这个特征变化后的空间中进行有效的数据挖掘。

因为特征变换实质上并没有删除不相关或冗余的特征，所以基本不会丢失真实的信息。但是这种通过对原始特征进行组合变换所生成的新特征空间的可解释性和可理解性都将变差。

特征变换方法中有一些比较经典的方法，如多个变量通过线性变换找出其中比较重要的变量的主成分分析方法[77]、投影追踪方法（projection pursuit, PP）[78]、奇异值分解方法（singular value decomposition, SVD）[79]等。下面简单阐述一些常用的特征变换方法。

1）主成分分析方法

Hotelling 在 1933 年提出了主成分分析[77]方法。该方法又被称为 Hotelling 变换，是应用较为广泛的降维方法之一。主成分分析方法是将高维数据的协方差矩阵中最大的 m 个特征值对应的特征向量确定为主要向量，这些向量尽可能地包含原始变量的信息，目的是在尽可能少损失信息的基础上，降低数据的维度，提高运算的效率。

PCA 方法从本质上来说是一种统计分析方法。PCA 根据原始数据得到其协方差矩阵，通过映射的方法把原始数据映射到原始数据中的前 k 个特征向量，实现维数约简，方便数据进行进一步的处理，如数据挖掘等。PCA 方法有一定的局限性：第一，参数 k 难以确定，如果 k 取值太小，会丢掉原始数据的重要特征；而 k 取值过大，虽然可以得到较为全面的原始信息，但投影之后的数据维度依然会很高，或者说主成分分析后的数据依然是高维数据。第二，该方法的空间复杂度和时间复杂度都很大。为了克服这些不足，有研究者对线性 PCA 进行了大量的研究，取得了一些研究成果，如核主成分分析法（kernel PCA, KPCA）等[80]。

2）自组织映射网络（SOFM）[81]

自组织映射网络（the kohonen self-organizing feature map, SOFM）是一种基于神经网络把高维数据映射到低维特征空间的方法。在保留数据近似关系的前提下，自组织映射网络通过利用特征映射的方法将高维数据映射到对应的低维空间进行数据预处理，属于典型的投影聚类方法。

在 Kohonen 自组织特征映射中，竞争层的每一个神经元都要相互竞争，胜出的神经元及其近邻神经元则更新它们的权值向量，目的是使其与输入数据尽可能相似。对神经网络进行训练之后，每个高维数据都将根据与神经元的权值向量的匹配情况投影到这些神经元上。方法的主要缺点是，无法确定其完成的属性转换是否有效，即无法对质量进行评价。另外，当数据的维数非常高时，训练网络的收敛速度非常慢，会影响正常使用。

3）多维缩放方法[82]

多维缩放（multidimensional sealing，MDS）方法同样是利用映射方法把高维数据映射到低维空间，与其他投影约简方法不同的是，MDS 方法映射过程保留了数据点之间关系特性，即原始数据集中相近的点映射后，这些点仍然靠在一起；而原始数据集中远离的点映射后同样要远离，即该类方法的维数约简的原则是数据点之间的相似性（或差异性）不变。降维的目的就是寻求保持数据集感兴趣特性的低维数据集，通过低维数据的分析来获得相应的高维数据特性，从而达到简化分析、获取数据有效特征及可视化数据的目标。MDS 方法存在不足之处，如缺乏数据维数约简的标准，该方法的时间复杂度为 $O（M^2）$，其中 M 为数据集的规模：数据集的规模越大，该方法的复杂度越高。

4）基于分形的降维[83]

基于分形的降维是根据分形理论提出的一种降维方法，直到近年来才开始获得关注。该方法的主要特点是将维数视为分数，扩展整数值的本征维得到非整数值的本征维，也即通常所说的分数维。关于分数维的定义有多种不同的描述，其中应用较广泛的是计盒维（box counting dimension）和相关维（correlation dimension）。

基于分形的降维方法简单直观，对于线性结构的维数约简效果较好，但是，对于非线性尤其是非线性程度较高的问题进行维数约简的效果不尽如人意。

3. 非线性维度约简

针对非线性程度较高的维数约简问题，诞生了非线性维度约简技术。基于线性维数约简的理论，非线性维度约简的研究分别从不同的角度对线性技术加以改进，提出了各种不同的改进方法。

第一，从局部线性重构全局数据的角度出发，将全局非线性转换为局部线性，通过组合局部线性来描述全局信息[84]。这类方法认为非线性高维数据是局部线性的，因此，该方法先为局部区域设置一个线性模型，然后再将这些局部线性模型组合成一个全局维数约简模型。不过，这些方法却有一些相同的缺点：首先，这类方法必须面对的一个问题是，如何将从局部线性模型中获得的低维坐标组合在一个全局的低维坐标系统中；其次，由于大多数方法都使用 EM（expectation maximization）方法进行学习，因此，很难避免陷入局部最优；最后，这些方法的计算效率都不高，而且有些方法还要求较多的自由参数。

第二，从核函数的概念出发，得到了核主成分分析法[80]。在核主成分分析法中，该方法通过一个非线性核函数将原始数据映射到一个更高维的线性特征空间中，然后，在该特征空间中执行主成分分析方法，得到数据的嵌入坐标。而核函数可以是线性函数、多项式函数、径向基函数等，如使用不同的核函数，其相应的核主成分分析法的形式也是不同的。核主成分分析法对非线性数据的效果较好，但在实际使用中面对不同的问题如何选择核函数却是一个棘手的问题，需要对多个不同的核进行比较。

第三，将自组织神经网络和线性技术结合起来处理非线性数据，如曲线主成分分析法（curvilinear componnet analysis, CCA）[85,86]是其中典型的方法。该方法通过竞争学习方法得到数据的拓扑结构，然后将输入数据映射到低维空间中。在学习高维数据的低维坐标时使用了一个新的目标函数和快速的迭代方法。

近年来，出现了一类新的非线性维数约简技术：流形学习方法。该方法包含了一个非常活跃的研究领域，引起了越来越多的研究者的兴趣，正在成为研究的热点。该方法不再是对线性方法的简单改进或者补充，而是从一个全新的角度来解决高维数据的降维问题，在强调方法的简单实用的同时避免局部最优问题的困扰。

2000 年，在 Science 杂志上，以 Tenenbaum 和 Roweis 为首的研究者同时发表了两种著名的非线性降维方法——等距特征映射方法（isometric feature mmapping, ISOMAP）[87]与局部线性嵌入方法（local linear embeddinig, LLE）[88]。ISOMAP 方法通过在手写数字上与手势上的降维实验表明了该方法能学习出蕴含在高维数据中的非线性低维嵌入坐标，而 LLE 方法则通过人脸图像数据集上的降维实验说明该方法能学习出蕴含在图像空间中的人脸内在参数——姿态和表情。到了 2002 年，Balasubramanian 等在

Science 杂志上对 ISOMAP 方法的健壮性进行了进一步讨论[89]。

经过广大研究者的努力工作，流形学习的研究取得了丰硕的成果，为非线性高维数据的维度约简开辟了新的途径。在随后的研究过程中，又陆续提出许多新的方法，如局部切空间排列方法（local tangent space alignment，LTSA）[90]、拉普拉斯特征映射（Laplacian eigenmaps）[91,92]、海赛特征映射（Hessian eigenmaps）[93]等。

流形学习方法的思想是：通过求解一个特征值问题来得到数据的低维表示，因此，该方法实现起来较为简单，同时，该方法能够识别隐藏在高维数据中的非线性流形，解决了困扰迭代方法的局部最优问题。

维度约简的方法虽将高维数据的维度降低或者说变成低维数据，扩大了传统的数据挖掘方法的使用范围。但高维数据经过降维技术处理后，原数据中的噪声与正常数据之间的差别缩小，数据挖掘的结果很难得到保障。另外，经过维度约简技术处理后的数据，其数据挖掘结果的表达和理解都存在一定的难度。可见，维度约简方法在高维数据的预处理应用中有一定的局限性，无法满足当前高维数据应用的发展需要。

2.6　高维数据聚类

针对低维数据的聚类分析发展到现在，取得了一系列的研究成果。在实际应用中，高维数据已经越来越普遍，针对高维数据的聚类方法研究已经成为热点，并取得了一系列研究成果，贺玲等[94]将它们分成基于降维的聚类、基于超图的聚类、子空间聚类和联合聚类，如图 2 - 3 所示。

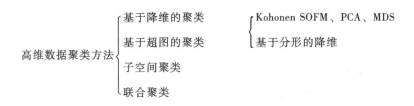

图 2 - 3　高维数据聚类方法的分类图

（1）基于降维的聚类方法是先通过维度约简技术对高维数据进行降维的数据预处理，然后运用传统的聚类方法对其约简后的数据完成聚类。有关维度约简技术前面已有论述，这里不再重复。

（2）超图是对常规图的扩展，图中的每条边可以连接多个顶点，通常称之为"超边"。基于超图的聚类方法的思想是：将高维数据映射到一个超图上，高维数据间的关系对应超图中的超边，超边的权值则对应数据间关系的密切程度。基于超图的聚类方法实质是寻找图顶点的一个划分，使处于同一个划分中的数据尽可能地相关。

基于超图的聚类方法的特色在于：利用图划分的知识解决高维数据空间中的数据处理问题，通过构造特定超图的最小生成树来寻求高维数据的聚类。该方法在聚类的过程中需要直接计算相似度或者差异度，因此，该方法的时间复杂度比较低，仅为 $O\left(\dfrac{nd}{k}\right)$。其中，$n$ 为数据集的规模；d 为数据的维度；k 为聚类的个数。针对不同的应用领域和应用背景，研究者们也提出了很多基于超图的聚类方法[95,96]。

（3）子空间聚类。针对高维数据的聚类问题，1999 年，Agrawal 等首次提出了子空间聚类的概念[97]，为高维数据聚类研究开拓了新的视野。

子空间聚类[98]拓展了特征选择的功能，也称特征选择。该方法将原始数据空间划分为不同的子空间，但只对那些相关的子空间进行聚类运算。这类方法一般使用某种搜索策略（如贪心方法）寻找出不同的特征子空间，结合一些子空间的评价标准确定所需的子空间。该方法的思想是：利用先验性质（apriori property），采用逐层递进的方法寻找频繁项目集，即密度子空间。

根据搜索策略的不同，子空间聚类可分为自底向上的搜索方法、自顶向下的搜索方法和混合策略等[98]。

1）自底向上的搜索方法

关联规则中的先验证性质：若一个 k 维单元是密集的，则其在 $k-1$ 维空间上的投影也一定是密集的；反之，若给定的 $k-1$ 维的单元不密集，则其任意 k 维空间肯定是不密集的。自底向上的搜索方法是根据这个先验证性质来减少搜索空间的。

子空间中的某些数据点可能属于多个类，这些数据点在自底向上搜索策略的子空间聚类中容易导致有重叠的类。同时，这类方法一般都需要设置参数，如基于网格聚类方法需要设置网格的大小和密度阈值两个参数，而且聚类的结果对参数值的设置一般是敏感的。

为了克服子空间聚类中预设参数值的敏感问题，提出了一些改进的方法，如针对网格大小设置的参数 MAFIA[99]、CLTREE[100]、CBF[101]，都采用某种策略动态查找最佳分割点，以获得比较稳定的结果。

2）自顶向下的搜索方法

自顶向下的搜索方法的思想：先将数据集划分为 k 个初始类，并为每个初始类赋予相同的权值；然后，重复采用某种策略不断地改进这些初始类，同时，相应更新其权值。但是对大数据集，这个重复改进类和更新其权值的过程将导致方法的复杂度升高，因此，在实际应用中，经常通过抽样得到样本数据，根据这些样本信息预测权值提高方法的性能。

在自顶向下的搜索方法中，因为数据每个部分都建立了类，且一个点只能赋给一个类，因此，该方法一般不会产生重复类。通常自顶向下的搜索方法也需要预设参数，如类的数量、相同或相近的类的大小和采用抽样策略的样本数量，这些参数的取值都将对方法的质量产生影响。

3）混合搜索的子空间聚类方法

混合搜索的子空间聚类方法是结合了自顶向下和自底向上这两种搜索策略优点的方法，如 DOC[102]——基于密度的一类方法。

4）联合聚类，又称为双聚类（biclustering）和协同聚类

1972 年，Hartigan 首次提出了双聚类的思想[103]，当时主要是用来描述同时对数据矩阵的行和列进行聚类的思想。直到 2000 年，由 Cheng 和 Church 两位科学家正式提出了双聚类这个

概念[104]。

联合聚类的思想实质是 OLAP 中对多维数据的向上钻取分析[105]。在 OLAP 中，每一次向上钻取都可以看成寻求某一组属性的代表值。

联合聚类方法的思想：先将聚类数据集的属性分成若干组，然后利用聚类的方法完成每种属性组的聚类，得到的是一个新的属性集合。如果说传统方法只是对描述对象—属性的矩阵中的行或者列进行聚类，那么联合聚类方法则可以看作主要讨论应用一种规范的二元点。

因为传统聚类方法只能在高维数据矩阵的行或者列某一方向上进行，故只能找到全局信息。高维数据空间中存在聚类局部的信息，传统的数据挖掘方法是无法识别这些信息的，而这些信息在一定程度上影响到最终聚类的质量。因为联合聚类方法进行聚类时能充分挖掘高维数据空间中的这些局部信息，提高其最终聚类的质量，因此，联合聚类方法正受到越来越多的关注[99]。

本书研究的高维稀疏数据从理论上说是高维数据的特例，其数据挖掘技术是高维数据挖掘理论的重要组成部分。因此，研究高维稀疏数据的相关理论和方法对完善高维数据挖掘理论以及拓展其应用都具有重要的意义。本书将主要针对稀疏数据的某些特定问题，如对象—属性空间划分，结合联合聚类优点，从属性聚类的角度及对象和属性联合聚类的角度对具有高维稀疏特征的对象—属性子空间识别的相关问题展开研究。

2.7　本章小结

本章综述了本书将涉及的数据挖掘和高维数据聚类相关理论，包括数据库知识发现与数据挖掘主要方法、高维数据形态及其聚类分析，具体开展了如下研究工作：

（1）综述了数据挖掘主要解决的问题和采用的主要方法，包括相似度度量、维度约简方法、高维数据及其聚类分析等。

（2）分析了高维数据的形态，介绍了高维数据聚类分析采用的主要方法，即维度约简方法、基于超图的聚类子空间聚类方法和联合聚类方法。上述相关方法是后续创新研究的理论基础。

（3）明确了本书研究的技术路线，即分别从对象聚类的角度及对象和属性联合聚类的角度研究对象—属性子空间的识别问题。

第 3 章 基于排序的高属性维稀疏数据聚类方法

具有高维稀疏特征的对象—属性空间分割问题（问题的界定见第 4 章）最基本的解决思路是，直接应用聚类方法对大规模对象形成初始类得到对象—属性子空间，以降低进一步的数据挖掘应用难度。

本章针对高维稀疏聚类问题的经典方法——CABOSFV 方法的局限性，研究其改进方法。首先分析 CABOSFV 方法的局限性，然后提出一种融合排序思想的新聚类——CABOSFVABS（a CABOSFV algorithm base on sorting）方法。

3.1 高维稀疏数据

在日常生活中，人们经常会遇到这类问题：n 个对象组成的数据集合，每个对象的属性个数为 m，描述对象的属性个数 m 比较大并且其中大部分属性值为 0 或为空。例如，一家大型钢铁销售公司，销售的产品多达 121 种。公司有很多客户，但是这些客户很多情况下仅订购其中很少一部分产品，同时，各个客户购买的产品种类、型号也有很大不同。当客户和产品都达到一定的规模之后，即出现对象的数目有很多，用来描述对象的属性也很多，但是对于每一个对象来说具有非零属性值的属性个数占总属性个数的比例很小。这类数据称为"高维稀疏数据"[2,18]。

对于这类问题，通常关心的是各对象间具有非零属性值的相似性，因此，引入稀疏特征来描述对象属性的稀疏性。

稀疏特征：假设有 n 个对象，描述第 i 个对象的 m 种属性值分别对应区间变量值 x_{i1}，x_{i2}，$\cdots$，x_{im}，引入稀疏判断阈值 b_j，$j \in \{1, 2, \cdots, m\}$，将其转换为二态变量并表示为 y_{i1}，y_{i2}，$\cdots$，y_{im}，转换方法为

$$y_{ij} = \begin{cases} 1, & \text{如果 } x_{ij} > b_j \\ 0, & \text{如果 } x_{ij} \leq b_j \end{cases} \tag{3-1}$$

其中，$i \in \{1, 2, \cdots, n\}$；$j \in \{1, 2, \cdots, m\}$。

y_{ij} 表明了各个对象在各种属性上的稀疏情况，称之为第 i 个对象在第 j 种属性上的稀疏特征。如果 $y_{ij} = 1$，表明第 i 个对象在第 j 种属性上是非稀疏的；如果 $y_{ij} = 0$，则说明第 i 个对象在第 j 种属性上是稀疏的。从客户订货的角度来看，$y_{ij} = 1$ 表明第 i 个客户订购了第 j 种产品，且订货数量大于给定的阈值 b_j；如果 $y_{ij} = 0$，则表明第 i 个客户没有订购第 j 种产品或者说订货量不大于给定的阈值 b_j，故忽略不计。

因此，对于实际的对象，需要对数据进行标准化处理，本书采用最大—最小规范化方法，使所有对象的属性取值在 [0，1]

区间。然后根据具体情况，设置稀疏判断阈值 b_j，根据转换公式——式（3-1），得到其稀疏特征表。

某装修公司销售记录如表 3-1 所示。因为各个公司购买产品数量相差悬殊，因此，属性取值会因数量级过大或过小而对相似性的计算产生影响，故先根据归一化理论对数据进行标准化处理，如表 3-2 所示。如果稀疏判断阈值 $b_j = 0.2$，则对应的稀疏特征表如表 3-3 所示。

表 3-1　高维稀疏数据

单位：万吨

公司	保温材料	矿棉	防火材料	密封材料	防水材料	屋面附件	岩棉	屋面材料	…	金属屋面
A 公司	370	0	600	280	0	850	45	0	…	276
B 公司	0	300	35	48	0	5	0	0	…	80
C 公司	0	0	170	460	0	0	0	600	…	137
D 公司	10	220	246	0	0	0	0	420	…	975
⋮	⋮	⋮	⋮	⋮	⋮	⋮	⋮	⋮	⋮	⋮
M 公司	120	0	0	47	180	0	0	258	…	0

表 3-2　高维稀疏的数据归一化

单位：万吨

公司	保温材料	矿棉	防火材料	密封材料	防水材料	屋面附件	岩棉	屋面材料	…	金属屋面
A 公司	0.37	0	0.6	0.28	0	0.85	0.045	0	…	0.276
B 公司	0	0.03	0.035	0.048	0	0.005	0	0	…	0.08
C 公司	0	0	0.017	0.46	0	0	0	0.6	…	0.137
D 公司	0.01	0.22	0.246	0	0	0	0	0.42	…	0.975
⋮	⋮	⋮	⋮	⋮	⋮	⋮	⋮	⋮	⋮	⋮
M 公司	0.12	0	0	0.047	0.18	0	0	0.258	…	0

稀疏特征表是对象与属性之间的二维表，它描述了每个对象属性稀疏特征。若相应属性值非零，则表中该对象与该属性相对应的位置取 1，否则取 0，如表 3 - 3 所示，非零属性值占少部分，因此，特征表是稀疏的。

表 3 - 3　高维稀疏二态数据表

单位：万吨

公司	保温材料	矿棉	防火材料	密封材料	防水材料	屋面附件	岩棉	屋面材料	…	金属屋面
A 公司	1	0	1	1	0	1	0	0	…	1
B 公司	0	1	1	0	0	0	0	0	…	0
C 公司	0	0	0	1	0	0	0	1	…	0
D 公司	0	1	1	1	0	0	0	0	…	1
⋮	⋮	⋮	⋮	⋮	⋮	⋮	⋮	⋮	⋮	⋮
M 公司	0	0	0	0	0	0	0	1	…	0

这种情况造成在数据存储中很多对象的属性取值为零，而各个对象的零属性分布又很分散，如果根据这种二态数据直接进行数据挖掘，将会非常耗费时间和空间资源，同时影响数据挖掘的效果。

3.2　高属性维聚类问题描述

假设一个高属性维聚类问题有 n 个对象，描述每个对象的属性有 m 种，如果每一个对象都有很大一部分属性的取值为零，那么，该高属性维聚类问题为高属性维稀疏聚类问题[2]。

如第 2 章所述，传统的聚类方法在属性维数比较低的情况下能够生成质量较高的聚类结果，而对高属性维数据特别是高属性维稀疏数据聚类，这些聚类方法难以得到满意的聚类结果。

本章针对一种特定类型的高属性维数据——区间变量型高属性维稀疏数据，基于经典的高属性维稀疏数据聚类方法——CABOSFV 方法提出了一种新型的高属性维稀疏数据聚类方法——CABOSFVABS 方法。

差异度是用来衡量对象之间差别程度的度量方法，是聚类分析的基础和核心。如果描述对象属性取值不同，相应的差异度的计算方法也不相同。如上所述，本章研究的高属性维稀疏数据是属性取值为 0 或为 1 的二态变量。

由于区间变量、分类变量和序数变量通过相关的变化可以转换为二态变量，如区间变量通过设置阈值，则可以转换为其对应的二态变量。下面先分别给出二态变量、分类变量和序数变量等相应的传统差异度计算方法[2]。

1. 二态变量及其差异度

二态变量特指只有两种取值的变量，一般用 1 来表示其中的一种取值，用 0 来表示另外一种取值。二态变量是比较常见的一种描述对象属性的变量，如员工性别、成绩是否及格、产品是否通过检验等，都可以通过这种变量类型来进行描述。

二态变量差异度的计算如下。

假设有 n 个对象，描述每个对象的 m 种属性值皆为二态变量，那么，计算对象 i 与 j（$i, j \in \{1, 2, \cdots, n\}$）之间的差异度一般包括以下两个步骤。

1）二态变量取值的统计

二态变量取值情况如表 3 – 4 所示，其中，a 为对象 i 和对象 j 取值皆为 1 的属性的个数；b 为对象 i 取值为 1 而对象 j 取值为 0 的属性个数；c 为对象 i 取值为 0 而对象 j 取值为 1 的属性个数；d 为对象 i 和对象 j 取值皆为 0 的属性个数；m 为 a、b、c、d 的和，即每个对象的属性总数。

表 3 – 4　二态变量取值统计

		对象 j		
		1	0	合计
对象 i	1	a	b	$a + b$
	0	c	d	$c + d$
	合计	$a + c$ $b + d$		$a + b + c + d = m$

2）根据 1）中的统计结果进行差异度的计算

对象 i 与 j 之间差异度计算的公式为

$$d(i,j) = \frac{i \text{ 与 } j \text{ 取值不同的属性个数}}{\text{属性总数}} = \frac{b + c}{a + b + c + d} = \frac{b + c}{m}$$

$$(3 - 2)$$

实际上，式（3 – 2）更适用于二态变量的取值为对称型的情况，即二态变量取值为 1 或 0 同等重要，也就是说，变量取值没有主与次之分，因此，a（i 和 j 同时取值为 1）和 d（i 和 j 同时取值为 0）两个统计值具有同等重要的地位。在实际应用中，很多二态变量的取值并不是对称的，例如，身体检查指标的阴性与阳性、产品检验的合格与不合格、考试是否合格等，人们更关注其中的一个取值，并将该值定义为 1，而另一个取值则定义为 0。如果二态变量的取值不对称，则差异度的计算方法如式 (3-3) 所示。

$$d(i,j) = \frac{i \text{ 与 } j \text{ 取值不同的属性个数}}{i \text{ 与 } j \text{ 取值不同或同时为 } 1 \text{ 的属性个数}} = \frac{b+c}{a+b+c}$$

$$(3-3)$$

由于 i 和 j 同时取值为 0 的情况被认为是不重要的，因此，相应的统计值 d 经常被忽略不计。

在需要考虑权重的情况下，假设赋予第 k 种属性的权重为 w_k，$k \in \{1, 2, \cdots, m\}$，那么，对象 p 与 q 之间的差异度 $d(p, q)$ 可以采用式 (3-4) 进行计算。

$$d(p,q) = \frac{\sum_{k=1}^{m} w_{pq}^{(k)} d_{pq}^{(k)}}{\sum_{k=1}^{m} w_{pq}^{(k)}} \qquad (3-4)$$

其中：

$$d_{pq}^{(k)} = \begin{cases} 1, & \text{如果对象 } p \text{ 与 } q \text{ 的第 } k \text{ 种属性取值不同} \\ 0, & \text{如果对象 } p \text{ 与 } q \text{ 的第 } k \text{ 种属性取值相同} \end{cases}$$

$$w_{pq}^{(k)} = \begin{cases} 0, & \text{如果 } x_{pk} = x_{qk} = 0 \\ w_k, & \text{其他情况} \end{cases}$$

2. 分类变量及其差异度

分类变量特指具有 3 个或者 3 个以上取值的变量。在实际应用中的很多变量，如产品的种类划分、企业所属的行业、职称的等级、商品的等级、地理区域等，都可以采用分类变量来进行描述。

分类变量差异度的计算如下。

假设有 n 个对象，第 i 个对象的 m 种属性分别用 x_{i1}，x_{i2}，…，x_{im}分类变量值描述，而 x_{j1}，x_{j2}，…，x_{jm}则用来描述第 j 个对象的 m 种属性值的分类变量值，那么，对象 i 和 j 之间的差异度 $d(i, j)$ 可以采用式（3 - 5）进行计算。

$$d(i,j) = \frac{m - a}{m} \qquad (3 - 5)$$

其中，m 为描述每个对象的属性个数；a 为对象 i 和对象 j 具有相同属性值的属性个数。下面给出一个简单的数值例子，对象个数 $n = 4$，属性个数 $m = 6$，各对象的属性取值如表 3 - 5 所示。

表 3 - 5　对象数据例表

对象	属性 1	属性 2	属性 3	属性 4	属性 5	属性 6
对象 1	A_1	B_1	C_1	D_2	E_1	F_4
对象 2	A_1	B_3	C_2	D_1	E_4	F_4
对象 3	A_2	B_3	C_2	D_2	E_4	F_1
对象 4	A_1	B_1	C_1	D_1	E_1	F_1

由上述公式计算各对象之间的差异度，分别得到

$$d(1,2) = \frac{6 - 2}{6} = 0.67; d(1,3) = \frac{6 - 1}{6} = 0.83$$

$$d(1,4) = \frac{6 - 4}{6} = 0.33; d(2,3) = \frac{6 - 3}{6} = 0.50$$

$$d(2,4) = \frac{6 - 2}{6} = 0.67; d(3,4) = \frac{6 - 1}{6} = 0.83$$

根据差异度的定义，差异度值的大小反映的是对象之间的差别程度，由上面的计算结果可知：对象 1 和对象 4 之间的差异比较小，对象 1 和对象 2、对象 1 和对象 3、对象 2 和对象 3、对象 2 和对象 4、对象 3 和对象 4 之间的差异则相对比较大，与其他对象相比，对象 1 和对象 4 更为相似。

实际上，分类变量与二态变量具有相通之处，即可以采用不对称二态变量的形式来描述分类变量。具体的方法是：先列出各个对象所有不同的属性，然后根据各个对象的具体属性值确定其二态变量的取值。表 3 - 5 中的分类数据变量转化为不对称二态变量，得到表 3 - 6。

表 3 - 6　分类变量转化为不对称二态变量

对象	A_1	A_2	B_1	B_3	C_1	C_2	D_1	D_2	E_1	E_4	F_1	F_4
对象 1	1	0	1	0	1	0	0	1	1	0	0	1
对象 2	1	0	0	1	0	1	1	0	0	1	0	1
对象 3	0	1	0	1	0	1	0	1	0	1	1	0
对象 4	1	0	1	0	1	0	1	0	1	0	1	0

由二态变量的差异度计算方法，得出各对象之间的差异度，分别为

$$d(1,2) = \frac{8}{10} = 0.80; d(1,3) = \frac{10}{11} = 0.91; d(1,4) = \frac{4}{8} = 0.50$$

$$d(2,3) = \frac{6}{9} = 0.67; d(2,4) = \frac{8}{10} = 0.80; d(3,4) = \frac{10}{11} = 0.91$$

根据上述计算结果得到的结论，与采用分类变量计算差异度的结果一致：对象 1 和对象 4 之间的差异比较小，对象 1 和对象

2、对象 1 和对象 3、对象 2 和对象 3、对象 2 和对象 4、对象 3 和对象 4 之间的差异则相对比较大，这说明对象 1 和对象 4 更相似。但是，采用分类变量和二态变量计算所得的差异度的值有所不同。

3. 序数变量及其差异度

序数变量有两种形式，一种是离散变量，另一种是连续变量。如果是离散变量，那么序数变量一般是分类的，而且各个类之间存在严格的顺序关系，如医疗行业中的职称划分为主任医生、副主任医生、主治医生和住院医生，如考试等级评定中的优、良、中、差等；而如果是连续变量，人们不是那么关心变量具体值的大小，重要的是按照一定的规则进行排序形成的等级，如在体育比赛中，根据参赛者的具体得分排序得到获奖名次：一等奖、二等奖和三等奖等。

序数变量差异度的计算如下。

假设有 n 个对象，描述每个对象的 m 种属性值均为序数变量值，则对象之间差异度的计算需要通过三个步骤来完成。

（1）确定各个对象每种属性序数变量值的等级。

假设所有对象的第 k 种属性取值按照某种规则划分为 R_k 个等级，记为 1，2，$\cdots$，R_k，根据该等级划分规则确定对象 i 的第 k 种属性的等级，记为 r_{ik}，$r_{ik} \in \{1, 2, \cdots, R_k\}$。

（2）对（1）中确定的等级值进行标准化。

等级值标准化的具体方法为

$$z_{ik} = \frac{r_{ik} - 1}{R_k - 1} \tag{3-6}$$

完成标准化之后的等级值 z_{ik}，$z_{ik} \in [0, 1]$。至此，可以得出，完成标准化转换之后的离散型的等级值 r_{ik} 已经转变为连续型的区间变量 z_{ik}。

（3）根据实际问题确定阈值，将 z_{ik} 转换为对应的二态变量，则其差异度的计算就可以直接利用式（3-2）进行计算。

综上所述，传统差异度是在低维数据下给出的，因此，其适合于小型数据，也就是说，这些传统二态变量差异度计算方法不能直接应用于高属性维聚类问题。

3.3　经典高属性维稀疏数据聚类 CABOSFV 方法分析

为了解决高属性维稀疏数据的聚类问题，武森等[2,18]做了大量研究，提出了 CABOSFV 聚类方法，与传统的差异度计算方法不同，该方法从集合的角度给出了新的差异度的定义和计算方法：集合差异度和稀疏特征向量；该方法同时提出了高效的数据压缩方法，大大减少了数据处理量，这不仅可以节约存储空间而且可以提高运算效率。

3.3.1　CABOSFV 方法思想

为了方便阐述问题，下面先介绍集合差异度和稀疏特征向量两个概念。

集合的稀疏差异度：假设有 n 个对象，描述每个对象的属性有 m 个，X 为其中的一个对象子集，其中的对象个数记为 $|X|$，在该子集中所有对象稀疏特征取值皆为 1 的属性个数为 a，稀疏

特征取值不全相同的属性个数为 e，集合 X 的稀疏差异度 SFD (X) 定义为

$$SFD = \frac{e}{|X| \times a} \qquad (3-7)$$

集合的稀疏差异度表明了该集合内部各对象间的差异程度。差异度越大，对象间越不相似；差异度越小，对象间越相似。

例如，表 3－7 为 6 个客户订购 8 种产品的情况，即有 6 个对象、8 种属性，根据各对象的稀疏特征及集合的稀疏差异度计算公式，可得

$$X_1 = \{客户\,1,客户\,2\} : SFD(X_1) = \frac{4}{2 \times 2} = 1$$

$$X_2 = \{客户\,1,客户\,3\} : SFD(X_2) = \frac{2}{2 \times 5} = 0.2$$

$$X_3 = \{客户\,1,客户\,3,客户\,6\} : SFD(X_3) = \frac{3}{3 \times 4} = 0.25$$

表 3－7　6 个客户订购 8 种产品的稀疏特征表

客户	产品 1	产品 2	产品 3	产品 4	产品 5	产品 6	产品 7	产品 8
客户 1	1	0	1	1	1	1	0	1
客户 2	0	0	1	0	0	1	0	0
客户 3	1	1	1	0	1	1	0	1
客户 4	1	0	0	0	0	0	0	1
客户 5	1	1	1	0	0	1	1	0
客户 6	1	0	0	1	0	1	1	1

从这三个差异度值的大小比较，可以得出：{客户 1，客户 2}集合差异度最大，表明这两个对象订购产品的情况最不相似；

{客户1，客户3} 集合差异度最小，表明这两个对象订购产品的情况最为相似；而 {客户1，客户3，客户6} 集合差异度值也比较小，对应的三个对象订购产品的情况也比较相似。

稀疏特征向量：假设有 n 个对象，描述每个对象的属性有 m 个，X 为其中的一个对象子集，其中的对象个数表示为 $|X|$，在该子集中所有对象稀疏特征取值皆为 1 的属性个数为 a，对应的属性序号为 j_{s_1}，j_{s_2}，$\cdots$，j_{s_a}，稀疏特征取值不同的属性个数为 e，对应的属性序号为 j_{ns_1}，j_{ns_2}，$\cdots$，j_{ns_e}，向量

$$\mathbf{SFV} = [\,|\,X\,|,S(X),NS(X),\mathrm{SFD}(X)\,] \qquad (3-8)$$

称为对象集合 X 的稀疏特征向量。其中，$|X|$ 为 X 中对象的个数；S 为 X 中所有对象稀疏特征取值皆为 1 的属性序号集合 $\{j_{s_1}$，j_{s_2}，$\cdots$，$j_{s_a}\}$；NS 为稀疏特征取值不全相同的属性序号集合 $\{j_{ns_1}$，j_{ns_2}，$\cdots$，$j_{ns_e}\}$；$\mathrm{SFD}(X)$ 为集合 X 的稀疏差异度，根据集合的稀疏差异度的定义可知

$$a = |S|;e = |NS|$$

所以
$$\mathrm{SFD}(X) = \frac{|NS|}{|X| \times |S|} \qquad (3-9)$$

如果集合 X 中只包含一个对象，则对象的个数 $|X|$ 为 1，即该唯一对象稀疏特征取值 1 的属性序号集合为 S，而稀疏特征取值不全相同的属性序号集合 NS 则为空集 ϕ，那么，稀疏差异度 SFD (X) 为 0，因此，稀疏特征向量可以表示为：$\mathbf{SFV}(X) = \{1,\ S,\ \phi,\ 0\}$。

由此可见，稀疏特征向量概括了一个对象集合的稀疏特征以及该集合内对象间的稀疏差异度。因此，对于一个对象集合，只

需存储其稀疏特征向量就可以描述该集合的稀疏情况，而没有必要保存该集合中所有对象的信息。实际上，稀疏特征向量不仅减少了存储的数据量，而且稀疏特征向量还具有良好运算特性，如在两个集合合并时稀疏特征向量具有可加性等。

1. CABOSFV 方法数据存储

针对高维稀疏数据的特点，如全部属性取值为 1 或者为 0 的二态变量的情况下，提出了数据的存储可以进行进一步的压缩，即只存储非零值所对应的具体对象和具体属性，属性值为 1 的也不必存储。采用上述压缩存储方法，表 3 – 7 中数据的压缩存储结果如表 3 – 8 所示。

表 3 – 8　6 个客户订购 8 种产品情况的压缩存储

客户对象序号	订购产品序号集	客户对象序号	订购产品序号集
1	1,3,4,5,6,8	4	1,8
2	3,6	5	1,2,3,6,7
3	1,2,3,5,6,8	6	1,3,4,6,7,8

2. CABOSFV 方法的两层结构

图 3 – 1 的两层结构描述了 CABOSFV 方法的聚类过程。图 3 – 1中下层为待聚类的 n 个对象；上层为最后生成的 k 个类；每一个类的集合稀疏差异度值的上限为 ε。

3.3.2　CABOSFV 方法步骤

假设有 n 个对象，描述第 i 个对象的 m 个稀疏特征取值分别对应二态变量值 X_{i1}，X_{i2}，$\cdots$，X_{im}，其中类内对象的差异度值阈

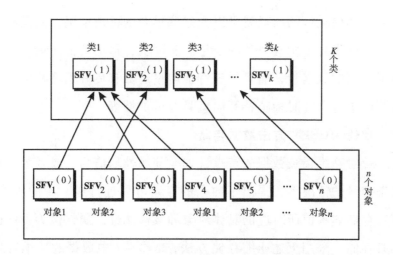

图 3 - 1 CABOSFV 聚类方法的两层结构图

值的上限为 ε，则 CABOSFV 聚类方法的步骤如下。

步骤 1：根据每一个对象建立一个相应的集合，分别记为 $X_i^{(0)}$，$i \in \{1, 2, \cdots, n\}$。

步骤 2：由稀疏特征向量具有可加性，则计算

$$SFD[X_1^{(0)} \cup X_2^{(0)}] = SFD[X_1^{(0)}] + SFD[X_2^{(0)}]$$

如果合并后集合的内部差异度不大于类内对象差异度阈值 ε，则将 $X_1^{(0)}$ 和 $X_2^{(0)}$ 合并到一个集合，作为一个初始类，记为 $X_1^{(1)}$；否则，就将 $X_1^{(0)}$ 和 $X_2^{(0)}$ 分别作为一个初始类，分别记为 $X_1^{(1)}$ 和 $X_2^{(1)}$，同时将类的个数记为 c。

步骤 3：针对集合 $X_3^{(0)}$，计算

$$SFD[X_3^{(0)} \cup X_k^{(1)}] = SFD[X_3^{(0)}] + SFD[X_k^{(1)}], k \in \{1,2,\cdots,c\}$$

寻找 i_0，使其满足下列公式：

$$SFD\left[X_3^{(0)} \cup X_{i_0}^{(1)} \right] = \min_{k \in \{1,2,\cdots,c\}} SFD\left[X_3^{(0)} \cup X_k^{(1)} \right]$$

如果 $SFD\left[X_3^{(0)} \cup X_{i_0}^{(1)} \right]$ 不大于给定的一个类内对象差异度阈值 ε，那么，将 $X_3^{(0)}$ 和 $X_{i_0}^{(1)}$ 合并成一个新的聚类，仍然记为 $X_{i_0}^{(1)}$；否则，将 $X_3^{(0)}$ 作为一个新的初始类，记为 $X_{c+1}^{(1)}$，这时，聚类的个数 $c = c + 1$。

步骤 4：对 $X_i^{(0)}$，$i \in \{4, 5, \cdots, n\}$，重复步骤 3 的操作，直到聚类结束。

步骤 5：在最终形成的每一个类 $X_k^{(1)}$（$k \in \{1, 2, \cdots, c\}$）中，若包含对象个数较少的类，则将其作为孤立对象类去除，余下的各类为最终聚类的结果。

3.3.3　CABOSFV 方法的局限性

CABOSFV 方法是一个自底向上的层次聚类。聚类的判断标准是：两个稀疏特征向量集合的差异度 SFD 与差异度阈值 ε 大小进行比较，小于阈值则合并为一类；反之，则作为两个独立的聚类。因此，CABOSFV 方法会因数据的输入顺序不同而得到不同的聚类结果，甚至结果差异比较大，即表现为聚类结果对数据输入顺序的敏感性。

为了克服数据输入顺序敏感性的影响，提高 CABOSFV 聚类的质量，本章将提出一种新型的高维稀疏数据聚类方法。

3.4　基于排序的 CABOSFV 方法——CABOSFVABS 方法

针对经典 CABOSFV 方法对数据输入顺序敏感的不足，本章在经典 CABOSFV 方法的基础上，提出一种新 CABOSFVABS 方法。该方法融合排序的思想考虑差异度与阈值间具体的大小关系来决定首层聚类的结果，通过获得局部最优聚类来提高最终 CABOSFV 聚类方法的质量。

3.4.1 CABOSFVABS 方法思想

CABOSFVABS 方法[106]先通过粗略计算识别部分孤立点，确定需要计算差异度的对象。然后，计算除识别出的孤立点外的两两对象集合的差异度值，并对这些对象属性差异度值进行大小排序。因为差异度值最小的两两对象集合最为相似，因此，首层聚类对象应为差异度值最小的两两对象集合。这种方法获得局部最佳的层次聚类结果，可以提高 CABOSFV 层次方法的最终质量。该方法的核心思想是利用简单方法识别部分孤立点和首层最优聚类。

1. 确定需要计算差异度的对象

设 $N = 2$，差异度阈值为 ε，则

$$\mathrm{SFD}[X_1^{(0)} \cup X_i^{(0)}] = \frac{|\mathrm{NS}|}{2 \times |S|} \leqslant \varepsilon \tag{3-10}$$

$$|\mathrm{NS}| \leqslant 2 \times |S| \times \varepsilon$$

其中，$X_i^{(0)}$ 为第 i 个对象的非零属性集合；$|S|$ 为 X_1、X_i 两集合中所有对象属性稀疏特征取值均为 1 的个数；$|\mathrm{NS}|$ 为 X_1、X_i 两集合中所有对象属性稀疏特征取值不完全为 1 的个数。

其中，

$$\min\{|\mathrm{NS}|\} = \max\{|X_1^0|,|X_i^0|\} - \min\{|X_1^0|,|X_i^0|\}$$
$$\max\{|S|\} = \min\{|X_1^0|,|X_i^0|\} \tag{3-11}$$

其中，$\max\{|S|\}$ 为两个对象稀疏特征取值均为 1 的个数的最大值；而 $\min\{|\mathrm{NS}|\}$ 为两个对象稀疏特征取值不完全为 1 的个数的最小值。

由式（3-10）和式（3-11），可得

$$2\varepsilon \times \max\{|S|\} \geqslant \min\{|\mathrm{NS}|\} \tag{3-12}$$

即高维稀疏数据对象中，任意两两对象集合只有满足式（3-12），才需要计算其稀疏差异度 SFD，否则，该对象为孤立点，不需要计算其稀疏差异度 SFD。因此，该方法通过式（3-12）可以识别部分孤立点，减小需扫描数据量，在一定程度上降低 CABOSFV 方法的计算复杂度，提高其运行效率。

2. 确定首层最佳聚类

计算所有需要计算的两两对象集合的差异度值，并对这些对象属性差异度值进行大小排序，找出差异度值最小的两个对象作为首层聚类对象。这种方法通过局部最佳的层次聚类结果提高最终质量。

稀疏差异度值的计算：

$$\mathrm{SFD}[X_1^{(0)} \cup X_i^{(0)}] = \mathrm{SFD}[X_1^{(0)}] + \mathrm{SFD}[X_i^{(0)}],i \in \{2,3,\cdots,m\} \tag{3-13}$$

将稀疏差异度值小于设定稀疏差异度阈值 ε 的 SFD 值（SFD < ε）排序，找出其中最小的 SFD 值，则相应的两个对象合并为一

类：如果对象 $X_1^{(0)}$ 和对象 $X_k^{(0)}$ 之间的 SFD 值最小，则将该最小 SFD 的对象 $X_1^{(0)}$ 和对象 $X_k^{(0)}$ 合并作为层次聚类的首次聚类 $X_1^{(1)}$；否则，$X_1^{(0)}$ 就是一个孤立点。这时，需在第二层运行与第一层次相同的迭代方法

$$\text{SFD}\left[X_2^{(0)} \cup X_i^{(0)}\right], i \in \{3, 4, \cdots, m\} \qquad (3-14)$$

依次类推，直到找到首层最优聚类为止。

3.4.2 CABOSFVABS 方法的步骤

假设有 n 个对象，描述第 i 个对象的 m 个稀疏特征取值分别对应二态变量值 X_{i1}, X_{i2}, $\cdots$, X_{im}，其中，类内对象的差异度值的上限为 ε，则 CABOSFV 聚类方法的步骤如下。

步骤 1：根据每一个对象建立一个相应的集合，分别记为 $X_i^{(0)}$，$i \in \{1, 2, \cdots, n\}$。

步骤 2：根据式（3-12）识别部分孤立点并剔除，确定需要计算差异度的对象。

步骤 3：根据式（3-13）和式（3-14）的方法确定首层最佳聚类，具体计算。

设 SFD $\left[X_n^{(0)} \cup X_i^{(0)}\right]$，$i \in \{n+1, \cdots, m\}$，找到当层的最小 SFD，则将对象 $X_n^{(0)}$ 和 $X_i^{(0)}$ 合并到一个集合，作为一个初始类，记为 $X_1^{(1)}$，同时将类的个数记为 c。

步骤 4：针对集合 $X_j^{(0)}$，$j \in \{1, 2, \cdots, n-1, n+1, n+2, \cdots, i-1, i+1, \cdots, m\}$，计算

$$\text{SFD}\left[X_j^{(0)} \cup X_k^{(1)}\right] = \text{SFD}\left[X_j^{(0)}\right] + \text{SFD}\left[X_k^{(1)}\right]$$

$$k \in \{1,2,\cdots,c\}$$

寻找 i_0，使其满足下列公式：

$$\mathrm{SFD}\big[X_j^{(0)} \cup X_{i_0}^{(1)}\big] = \min_{k \in \{1,2,\cdots,c\}} \mathrm{SFD}\big[X_j^{(0)} \cup X_k^{(1)}\big]$$

如果 SFD $\big[X_j^{(0)} \cup X_{i_0}^{(1)}\big]$ 不大于给定的一个类内对象差异度阈值 ε，那么，将 $X_j^{(0)}$ 和 $X_{i_0}^{(1)}$ 合并成一个新的聚类，仍然记为 $X_{i_0}^{(1)}$；否则，将 $X_j^{(0)}$ 作为一个新的初始类，记为 $X_{c+1}^{(1)}$，这时，聚类的个数 $c = c+1$。

步骤 5：对 $X_{j+1}^{(0)}$，$j \in \{1, 2, \cdots, n-1, n+1, n+2, \cdots, i-1, i+1, \cdots, m\}$，重复步骤 5 的操作，直到聚类结束。

步骤 6：在最终形成的每一个类 $X_k^{(1)}$（$k \in \{1, 2, \cdots, c\}$）中，与其他类相比，若其包含对象个数较少，则将其视为孤立对象类去除，余下的各类为最终聚类的结果。

3.4.3　CABOSFVABS 方法算例

设有 15 个客户对象 O_i，$i \in \{1, 2, \cdots, 15\}$，描述每个客户的属性（产品的订购情况）为 48 个，记为 A_j，$j \in \{1, 2, \cdots, 48\}$，客户订购产品的情况如表 3 – 9 所示。现在需要根据这 15 个客户对 48 种产品订购的相似情况进行客户的聚类，这是一个 15 个对象、48 种属性维的聚类问题。

针对上述问题，分别利用 CABOSFV 方法和 CABOSFVABS 方法进行聚类。根据经验取类内对象的差异度阈值上限 $\varepsilon = 0.5$。

表 3-9 15 个客户对 48 种产品的订购情况

客户对象序号	订购产品序号集
1	1,3,4,5,6,7,8,10,11,12,22,23,25,26,34,35,36,37,43
2	1,3,4,5,6,7,8,10,11,12,20,21,22,26,28,35,39
3	1,3,6,7,22,24
4	1,3,4,6,7,8,10,22,24,26,29,35,42
5	1,3,4,5,6,8,10,11,15,22,23,26,28
6	1,8,22,23
7	1,3,4,6,7,8,10,11,22,26
8	1,3,4,5,6,8,10,17,18,22,23,28
9	1,3,4,5,8,22,26,28,29
10	1,3,4,6,7,8,10,11,12,14,16,17,22,23,24,26,28,29,30,35,47
11	1,3,4,5,6,8,10,16,18,20,22,23,28,29,34,48
12	1,3,4,5,6,7,8,10,11,13,22,28,41,45
13	1,3,4,5,6,7,8,10,11,16,19,22,26,28,29,30,35,36,37,43,44,45
14	1,2,3,4,5,8,22,23,24,26,27,28,39
15	1,3,4,5,6,8,10,11,22,26,28

（1）利用 CABOSFV 聚类方法处理步骤如下。

步骤 1：由每一个客户建立一个集合，分别记为 $X_i^{(0)}$，$i \in \{1, 2, \cdots, 15\}$。

步骤 2：如果将 $X_1^{(0)}$ 和 $X_2^{(0)}$ 合并，则可由式（3-4）计算得到，集合 $X_1^{(0)} \cup X_2^{(0)}$ 中客户 1 和客户 2 都订购的产品序号集合 $S = \{1, 3, 4, 5, 6, 7, 8, 10, 11, 12, 22, 26, 35\}$ 及客户 1 和客户 2 订购情况不全相同的产品序号集合 NS $= \{20, 21, 23, 25, 28, 34, 36, 37, 39, 43\}$，从而，集合 $X_1^{(0)} \cup X_2^{(0)}$ 的稀疏差异度 SFD $\left[X_1^{(0)} \cup X_2^{(0)} \right]$ 为

$$\mathrm{SFD}\big[\, X_1^{(0)} \cup X_2^{(0)} \,\big] = \frac{|\,\mathrm{NS}\,|}{N \times |\,S\,|} = \frac{10}{2 \times 13} = 0.385$$

合并后，集合的内部差异度小于类内对象的差异度阈值上限 $\varepsilon = 0.5$，因此，将 $X_1^{(0)}$ 和 $X_2^{(0)}$ 合并到一个集合，作为一个初始类，记为 $X_1^{(1)}$，此时初始类的个数 c 为 1。

步骤 3：将 $X_3^{(0)}$ 和 $X_1^{(1)}$ 合并，那么，合并后的集合中客户 1、客户 2 和客户 3 都订购的产品序号集合 S 为 $\{1, 3, 6, 7, 22\}$；客户 1、客户 2 和客户 3 订购情况不全相同的产品序号集合 NS 为 $\{4, 5, 8, 10, 11, 12, 20, 21, 23, 24, 25, 26, 28, 34, 35, 36, 37, 39, 43\}$。相应的稀疏差异度为

$$\mathrm{SFD}\big[\, X_3^{(0)} \cup X_1^{(1)} \,\big] = \frac{|\,\mathrm{NS}\,|}{N \times |\,S\,|} = \frac{19}{3 \times 5} = 1.267$$

$$\mathrm{SFD}\big[\, X_3^{(0)} \cup X_1^{(1)} \,\big] = 1.267 > 0.5$$

所以，将 $X_3^{(0)}$ 作为一个新的初始类，记为 $X_2^{(1)}$，则类的个数 c 变为 2。依次计算，最终形成类的结果，如表 3-10 所示。

表 3-10　CABOSFV 方法聚类结果

初始类	客户	客户数	订购相同的产品序号	订购不同的产品序号	SFD
$X_1^{(1)}$	1,2,5, 12,15	5	1,3,4,5,6,8,10,11,22	7,12,13,15,20,21, 23,25,26,28,34,35, 36,37,39,41,43,45	0.40
$X_2^{(1)}$	3	1	1,3,6,7,22,24		0
$X_3^{(1)}$	4,7,10	3	1,3,4,6,7,8,10,22,26	11,12,14,16,17,23, 24,28,29,30,35,42, 47	0.48
$X_4^{(1)}$	6	1	1,8,22,23		0

初始类	客户	客户数	订购相同的产品序号	订购不同的产品序号	SFD
$X_5^{(1)}$	8,9	2	1,3,4,5,8,22,28	6,10,17,18,23,26,29	0.50
$X_6^{(1)}$	11	1	1,3,4,5,6,8,10,16,18,20,22,23,28,29,34,48		0
$X_7^{(1)}$	13	1	1,3,4,5,6,7,8,10,11,16,19,22,26,28,29,30,35,36,37,43,44,45		0
$X_8^{(1)}$	14	1	1,2,3,4,5,8,22,23,24,26,27,28,39		0

（2）CABOSFVABS 聚类方法处理步骤如下。

步骤 1：由每一个客户建立一个集合，分别记为 $X_i^{(0)}$，$i \in \{1, 2, \cdots, 15\}$。

步骤 2：确定需要计算差异度的对象，$N = 2$，则由式（3 - 12）得

$$\because 2\varepsilon \times \max\{|S|\} \geqslant \min\{|NS|\}$$
$$\therefore \max\{|S|\} \geqslant \min\{|NS|\}$$

由于客户 3 订购的产品序号集合 $X_3 = \{1, 3, 6, 7, 22, 24\}$ 和客户 6 订购的产品序号集合 $X_6 = \{1, 8, 22, 23\}$，根据式（3 - 12），集合 X_3 和 X_6 为孤立点，不需计算其 SFD 值。

步骤 3：确定首层聚类。

计算 SFD $[X_1^{(0)} \cup X_i^{(0)}]$，$i \in (2, 3, \cdots, 15)$，并将差异度值 SFD < 0.5 的 SFD 按照大小排序，如

$$\text{SFD}\big[X_1^{(0)} \cup X_2^{(0)}\big] = \frac{|\text{NS}|}{N \times |S|} = \frac{10}{2 \times 13} = 0.385$$

$$\text{SFD}\big[X_1^{(0)} \cup X_{13}^{(0)}\big] = \frac{|\text{NS}|}{N \times |S|} = \frac{10}{2 \times 15} = 0.333$$

通过计算，得到

$$\text{SFD}\big[X_1^{(0)} \cup X_{13}^{(0)}\big] = 0.333 < \cdots < 0.5$$

客户 1 与客户 13 两个对象的差异度值是最小的，即这两个对象是首层中最相似的，因此，将 $X_1^{(0)}$ 和 $X_{13}^{(0)}$ 合并到一个集合，作为首层聚类。

其他的步骤与 CABOSFV 方法步骤中的步骤 3 和步骤 4 是相同的，这里不再重复。最后得到的聚类结果如表 3 - 11 所示。

表 3 - 11　CABOSFVABS 方法聚类结果

初始类	客户	客户数	订购相同的产品序号	订购不同的产品序号	SFD
$X_1^{(1)}$	1, 2, 4, 5, 7, 10, 12, 13, 15	9	1, 3, 4, 6, 8, 10	2, 5, 7, 11, 12, 14, 15, 16, 17, 20, 21, 22, 23, 25, 26, 28, 30, 34, 35, 36, 37, 39, 41, 42, 43, 44, 45, 47	0.50
$X_2^{(1)}$	3	1	1, 3, 6, 7, 22, 24		0
$X_3^{(1)}$	6	1	1, 3, 4, 6, 7, 22, 24		0
$X_4^{(1)}$	11	1	1, 3, 4, 5, 6, 8, 10, 16, 18, 20, 22, 23, 28, 29, 34, 48		0
$X_5^{(1)}$	14	1	1, 3, 4, 5, 8, 22, 23, 24, 26, 27, 28, 39		0
$X_6^{(1)}$	8, 9	2	1, 3, 4, 5, 8, 22, 28	6, 10, 17, 18, 23, 26, 29	0.50

从表 3 – 10 中可得，类 $X_2^{(1)}$、$X_4^{(1)}$、$X_6^{(1)}$、$X_7^{(1)}$、$X_8^{(1)}$ 都仅有一个客户，为孤立对象类，从形成的类中除去。所以，由 CABOSFV 方法得到最终聚类结果为 3 个类，分别为 $X_1^{(1)} =$ {1，2，5，12，15}，$X_3^{(1)} =$ {4，7，10} 和 $X_5^{(1)} =$ {8，9}。

从表 3 – 11 中可得，类 $X_2^{(1)}$、$X_3^{(1)}$、$X_4^{(1)}$、$X_5^{(1)}$ 为孤立对象类，可直接除去。CABOSFVABS 方法最后得到的聚类为两类，即类 $X_1^{(1)} =$ {1，2，4，5，7，10，12，13，15} 和 $X_6^{(1)} =$ {8，9}。

表 3 – 10 中的 CABOSFV 方法聚类结果中：

（1）类 $X_1^{(1)}$ 与类 $X_3^{(1)}$ 之间的差异度值 SFD $= 0.5 \leqslant \varepsilon = 0.5$，根据 CABOSFV 聚类方法思想，这两个类还可以继续聚类成一个类，且合并后的内聚度大小为 0.5。

（2）类 $X_1^{(1)}$ 与类 $X_5^{(1)}$ 之间的差异度值 SFD $= \dfrac{4}{7} = 0.57$，这说明类 $X_1^{(1)}$ 与类 $X_5^{(1)}$ 之间的差异度比较小。

而在表 3 – 11 中的 CABOSFVABS 方法聚类结果中，类 $X_1^{(1)}$ 与类 $X_6^{(1)}$ 之间的差异度值 SFD $= \dfrac{8}{11} = 0.73 > 0.57$，说明类 $X_1^{(1)}$ 与类 $X_6^{(1)}$ 之间的差异度比较大。

实验结果表明：与 CABOSFV 方法的聚类结果相比，CABOSFVABS 方法的聚类结果更合理。

3.5　本章小结

本章对具有高维稀疏特征的对象—属性空间，从属性聚类的角度研究对象—属性子空间的识别问题。针对高属性维稀疏数据的聚类问题，改进了经典高属性维聚类方法——CABOSFV，主要研究成果如下。

（1）分析了经典高属性维聚类方法——CABOSFV，指出该方法对数据输入顺序敏感的局限性。

（2）提出了一种融合排序思想的新聚类 CABOSFVABS 方法，并通过实验表明该方法能有效从属性聚类的角度完成对象—属性子空间的识别。

在 CABOSFVABS 方法中，先通过简单计算识别其中部分孤立点，确定需计算差异度的对象，这在一定程度上减小了该方法的复杂度。该方法融合排序思想通过获得局部最优来提高最终 CABOSFV 聚类方法的质量。

实验结果及分析表明：改进的高属性维聚类 CABOSFVABS 方法能有效完成高属性维稀疏数据的聚类，且在性能上优于经典 CABOSFV 方法。

第 4 章将该方法应用于具有高维稀疏特征的对象—属性空间的分割，研究其分割技术相关理论。

第4章 对象—属性空间分割的两阶段联合聚类方法

由高维稀疏对象—属性二维表（稀疏特征表）构成的空间，定义为"具有高维稀疏特征的对象—属性空间"，由此引出的相关问题则称为"具有高维稀疏特征的对象—属性空间问题"。

对具有高维稀疏特征的对象—属性空间，本章从对象和属性联合聚类的角度研究对象—属性子空间的识别问题。

4.1 具有高维稀疏特征的对象—属性空间分割问题的提法

高维数据与低维数据相比，在许多方面表现出不同的特性，如稀疏性及"维度效应"等。正如第2章所述，为了处理这些问题，通常采用的方法是维度约简。但是维度约简方法在高维数据的预处理应用中表现出一定的不足，如经过降维技术处理后数据维度空间可解释性、可理解性都变差，最重要的是，还可能会丢失一些重要的聚类信息。

具有高维稀疏特征的对象—属性空间的对象维和属性维数据均可以看作高维数据的特例，即除了具有高维数据的特点外，对象所有属性的取值都是 0 或者 1 的二态变量。由此可知，具有高维稀疏特征的对象—属性空间的聚类问题与高维数据一样，需要通过一种新型数据预处理技术对这类数据进行预处理，降低其数据挖掘的难度。

如果能将具有高维稀疏特征的对象—属性空间分成多个对象—属性子空间，那么具有高维稀疏特征的对象—属性空间的数据挖掘就可以在它的特征对象—属性子空间中完成。因为对象—属性子空间相对其原空间而言，维数少得多或者说已经是低维空间，因此，对象—属性子空间的数据挖掘就可以采用传统的数据挖掘方法，所以，高维稀疏特征对象—属性子空间的识别实质上是一种新型高维数据预处理技术。

针对高维稀疏特征的对象—属性子空间的识别问题，本章提出了聚类分割的思想，分别对高维稀疏特征的对象—属性空间的对象维和属性维进行聚类分割，获得其对应的子空间。与本书第 2 章所论述的"维度约简"理论不同，本章提出的具有高维稀疏特征的对象—属性子空间识别技术的研究是运用聚类的方法对对象—属性空间进行空间分割完成的，从信息完整性的角度来看，属于无损降维。

4.2 传统对象—属性空间分割方法基于内聚度方法

针对具有高维稀疏特征的对象—属性子空间识别的研究，高学东和武森[107]提出了基于内聚度对象—属性空间分割方法，该方法通过多次聚类完成对具有高维稀疏特征的对象—属性空间的分割。

4.2.1 基于内聚度的分割方法思想

基于内聚度的分割方法思想是：运用经典高属性维稀疏数据聚类 CABOSFV 方法对高维大数据集的数据重复聚类，直到形成的类不再变化。

该方法的基本思路：以对象的非零属性是否相似作为判断对象是否相似的依据，将非零属性近似的对象归为一类，作为后续数据挖掘的对象，聚类判断的标准是下面的对象集合内聚度。再针对第一次形成的聚类结果应用同样的方法进行第二遍扫描、聚类，重复进行，直到形成的类不再变化。在此基础上，对形成的各个类进行属性约简，得到最终的结果。

该方法实现的手段：采用的聚类方法是本书第 3 章提到的经典高维属性维稀疏数据聚类 CABOSFV 方法。

下面介绍对象内聚度（object cohesion）和对象集合内聚度（object aggregate chohesion）的定义。

对象内聚度：假设有 n 个对象，记作 $O = \{O_1, O_2, \cdots, O_n\}$；描述每个对象的属性有 m 个，记作 $A = \{A_1, A_2, \cdots, A_m\}$。对象 $O_i [i \in (1, 2, \cdots, n)]$ 的非零属性集合（即对象属性特征值取 1 的属性集合）记作 OA_i，$i \in (1, 2, \cdots, n)$，非零属性个数记作 $| OA_i$，$i \in (1, 2, \cdots, n) |$，则两个对象 O_i 和 O_j 的内聚度定义为

$$OC(O_i, O_j) = \frac{|OA_i \cap OA_j|}{|OA_i \cup OA_j|}, i, j \in (1, 2, \cdots, n \text{ 且 } i \neq j) \qquad (4-1)$$

当且仅当 $i = j$ 时，$OC(O_i, O_j) = 1$，即对象及其本身的内聚度为 1。

对象内聚度用来衡量两个对象间的属性取值的相似程度，即如果对象的内聚度值越大，则这两个对象越相似；反之，这两个对象越不相似。

根据对象内聚度的定义，提出并证明了相关定理。

若定义 $dis(O_x, O_y) = 1 - OC(O_x, O_y)$，则距离公式的三个基本性质如下[107]。

（1）$dis(O_x, O_x) = 0$。

（2）$dis(O_x, O_y) = dis(O_y, O_x)$。

（3）$dis(O_x, O_y) + dis(O_y, O_z) - dis(O_x, O_z) \geqslant 0$。

对象集合内聚度：假设集合 X 和集合 Y 为对象 O 中不相交的对象子集，则集合 X 和集合 Y 的对象集合内聚度定义为集合 X 中对象和集合 Y 中对象的对象内聚度值的最大值，即

$$OAC(X, Y) = \max_{O_i \in X, O_j \in Y} \{ OC(O_i, O_j) \}, i \neq j \qquad (4-2)$$

对象集合的内聚度反映了集合中所有对象关于属性取值的内聚性。内聚度越高，说明集合内或集合间的对象越相似，内聚性越强，越有可能被聚为一类；否则，对象越不相似，其内聚性越弱，越不可能被聚为一类。

4.2.2　基于内聚度分割方法步骤

该方法主要包括以下三步。

（1）聚类的每一个对象建立一个集合，形成 n 个集合，运用 CABOSFV 聚类方法进行聚类分析。

（2）再针对第一遍扫描后形成的聚类结果按照 CABOSFV 聚类方法进行第二遍扫描，重复进行，直到形成的结果不再变化。

（3）对形成的各类，在类的内部进行属性约简。约简的方法为：在该类中如果某属性有取值的次数占该类对象总数的比例小于 β，则该属性被认为在以后的数据挖掘中影响较小，将该属性从类中直接剔除。其中，参数 β 需事先设置，其值对方法的结果有影响。

4.2.3　基于内聚度的分割方法分析

基于内聚度的分割方法能对具有高维稀疏特征的对象—属性空间进行分割，获得相应的子空间。但是该方法具有以下缺点。

（1）CABOSFV 聚类方法本身对数据输入顺序敏感，其聚类的质量影响基于内聚度的分割方法的结果。

（2）该方法没有考虑子空间的优化，如对象—属性子空间之间是否存在重叠区域，子空间中的对象—属性之间是否存在隐藏的关系，等等。

（3）该方法在类的内部进行属性约简时还引入了用于识别对数据挖掘结果影响小的属性参数 β，这必将增加方法的复杂度。

（4）该方法需多次聚类，因而方法的效率不高。

针对基于内聚度的具有高维稀疏特征的对象—属性空间分割方法的不足，本书提出两阶段联合聚类方法，提高具有高维稀疏特征的对象—属性空间的分割效率。下面介绍有关联合聚类的基础知识。

4.3　联合聚类方法

如第 2 章所述，联合聚类方法的特点是同时对高维数据的行和列进行聚类。

联合聚类[105]：假设数据矩阵 A 包含 n 行和 m 列，分别用 $X = \{x_1, x_2, \cdots, x_n\}$ 和 $Y = \{y_1, y_2, \cdots, y_n\}$ 表示矩阵 A 的行和列的集合，则 A 可以表示为 (X, Y)，a_{ij} 表示矩阵中第 i 行第 j 列的数据值，如果 $I \subset X$ 和 $J \subset Y$ 分别表示行和列的子集，则 $A_{IJ} = (I, J)$ 表示矩阵 A 的子矩阵，包含了 I 中所有的行和 J 中所有的列。

一个联合聚类就是一个矩阵的子矩阵 $A_{IJ} = (I, J)$，其中，$I \subset X$ 和 $J \subset Y$ 在这个子矩阵中，每一行或列都表现出一定的相似性[104]。

最大联合聚类：对于一个联合聚类 $A_{IJ} = (I, J)$，如果不存在任何其他联合聚类 $A'_{IJ} = (I', J')$，使得 $I' \subset I$，$J' \subset J$ 成立，则称联合聚类 $A_{IJ} = (I, J)$ 为最大联合聚类。

4.3.1　联合聚类的特点

联合聚类[104]与传统聚类在高维数据处理过程中的区别如图 4-1 所示，传统聚类完成的是行聚类或者列聚类，而联合聚类完成的是对行和列同时聚类，其效果如图 4-1（c）所示。通过对比传统聚类与联合聚类的聚类结果，可以得到：传统聚类方法仅对行或列进行单维的处理，完成的是全局中的行或列的信息聚类；联合聚类是同时对数据矩阵的行和列进行聚类，得到的聚类结果是行和列的任意子集。

这种灵活的结构使得联合聚类方法运行时拥有了更大的自由度，可以充分挖掘隐藏在数据矩阵中的不同局部聚类信息。

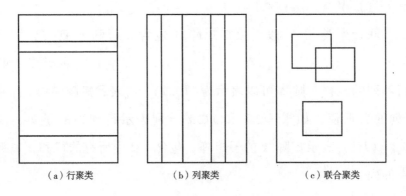

（a）行聚类　　　　　（b）列聚类　　　　　（c）联合聚类

图 4 -1　传统聚类与联合聚类

4.3.2　联合聚类的类型

不同的联合聚类方法所完成的联合聚类类型也是有所不同的，目前应用较广的主要有四种联合聚类类型[108,109]。

（1）数据取值全部相同的联合聚类，如表 4 - 1 所示。

表 4 - 1　所包含的数值都相等的联合聚类

1.0	1.0	1.0	1.0
1.0	1.0	1.0	1.0
1.0	1.0	1.0	1.0
1.0	1.0	1.0	1.0

（2）所有的行或所有的列上的数值相等的联合聚类，如表4-2和表4-3所示。

表4-2　同列包含数值相等的联合聚类

1.0	2.0	3.0	4.0
1.0	2.0	3.0	4.0
1.0	2.0	3.0	4.0
1.0	2.0	3.0	4.0

表4-3　同行包含数值相等的联合聚类

1.0	1.0	1.0	1.0
2.0	2.0	2.0	2.0
3.0	3.0	3.0	3.0
4.0	4.0	4.0	4.0

（3）行或列上数值变化趋势相同的联合聚类，如表4-4和表4-5所示。

表4-4　加法模型

1.0	2.0	5.0	0.0
2.0	3.0	6.0	1.0
4.0	5.0	8.0	3.0
5.0	5.0	9.0	4.0

表4-5　乘法模型

1.0	2.0	0.5	1.5
2.0	4.0	1.0	3.0
4.0	8.0	2.0	6.0
3.0	6.0	1.5	4.5

（4）行或列上的信息演变趋势一致的联合聚类，如表 4 - 6 所示。

表 4 - 6　演变趋势一致的联合聚类

S1	S2	S3	S4
S1	S2	S3	S4
S1	S2	S3	S4
S1	S2	S3	S4

4.3.3　联合聚类的结构

联合聚类的结构[110,111]，是联合聚类方法所搜索到的联合聚类子矩阵在原数据矩阵中相互间的位置关系。有些联合聚类方法只在数据矩阵中通过搜索一个它认为最好的联合聚类，其结构最简单，如图 4 - 2 所示，中间阴影部分为联合聚类矩阵。

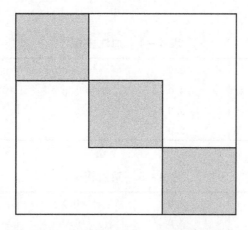

图 4 - 2　行和列均独立的联合聚类

　　大部分联合聚类方法能够得到用户需要的联合聚类，不同的联合聚类方法得到的类在原数据矩阵中分布是不同的。一般来说，联合聚类的结果主要有以下几种主要结构。

　　（1）行和列均独立的联合聚类，如图 4 - 2 所示。

　　（2）格子结构的独立联合聚类，如图 4 - 3 所示。

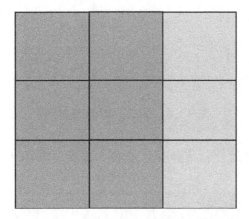

图 4 - 3　格子结构的独立联合聚类

　　（3）行或列独立的联合聚类，分别如图 4 - 4 和图 4 - 5 所示。

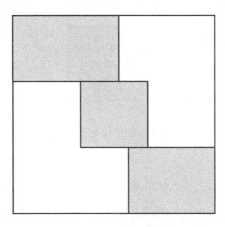

图 4 - 4　独立行的联合聚类

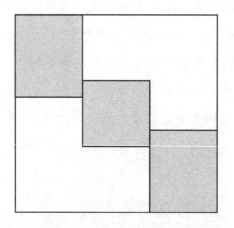

图 4 - 5　独立列的联合聚类

（4）树型的没有重叠独立的联合聚类，如图 4 - 6 所示。

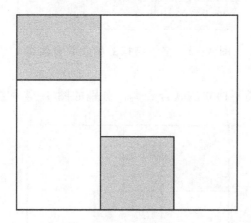

图 4 - 6　树型的没有重叠独立的联合聚类

（5）没有独立、没有重叠的联合聚类，如图 4 - 7 所示。

（6）层次结构重叠的联合聚类，如图 4 - 8 所示。

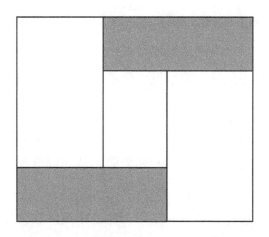

图 4 - 7　没有独立、没有重叠的联合聚类

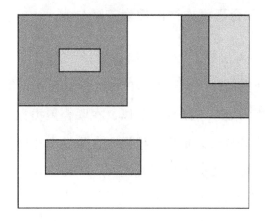

图 4 - 8　层次结构重叠的联合聚类

4.3.4　传统的 CC 联合聚类方法

一般来说，联合聚类质量的度量标准是联合聚类的方差和均方残差，还包括其他的标准，如联合聚类间的重叠度、最大标准区域（maximal standard area，MSA）及联合聚类的占有率等。

　　CC（Cheng and Church）联合聚类方法的数学模型的核心是平均平方残差。该方法主要通过使用贪心搜索策略，逐个搜索出其平均平方残差值符合参数设定阈值的子矩阵，并以此作为联合聚类结果，其关键的两个步骤[121,126~128]如下。

　　第一步，删除数据矩阵中的行或列。这一过程中，通过将部分平均平方残差值较大的行和列删除，从而降低整个数据矩阵的平均平方残差值，提高方法的效率。

　　第二步，通过扩展第一步中得到的子矩阵，使联合聚类结果的容量最大化。

4.3.5　联合聚类方法的搜索策略分类

　　Cheng 和 Church[104] 指出了联合聚类的本质：等效于图论中平衡二分图搜索问题，是一个 NP 问题，因为搜索策略直接影响联合聚类方法的效率与结果，所以，在联合聚类方法中选用的具体搜索策略就显得尤为重要。根据联合聚类方法中使用的聚类策略不同，该方法主要分为以下几类。

　　1）迭代合并行和列的聚类

　　迭代合并行和列的聚类方法是联合聚类方法中最直接的方法，该方法是分别将传统聚类方法运用在行和列上，然后通过某种迭代过程来合并在行和列上获得的聚类，以此获得理想的联合聚类，如耦合双向聚类方法（coupled two-way clustering，CTWC）和两阶段联合聚类协同过滤方法等。下面介绍几种典型的迭代合并行和列的聚类策略方法。

　　其一，Getz 等提出了耦合双向聚类[112]，该方法的机制是将一维的聚类方法延伸到二维空间中，该方法的关键在于一维空间内的聚类方法能够找到稳定子类。耦合双向聚类运用迭代合并行和列的聚类策略得到联合聚类。该方法分别对聚类矩阵中所有的行和所有的列建立对应的集合，然后对行集合和列集合运用传统的聚类方法完成聚类，得到稳定的行和列的聚类。

CTWC 方法在寻找符合条件的稳定的子集的迭代聚类过程中，利用一种启发式的搜索方法来回避聚类所产生的所有可能的合并问题。该方法规定只有那些在上一次迭代中被认定为是稳定聚类的行和列的集合才能够参与下一次的迭代，这种规定不仅可以提高方法的效率，同时也避免了方法产生许多没有意义的聚类。该方法迭代进行运算，将所有稳定聚类汇集到一起，直到不再有符合条件的新的稳定聚类出现。

该方法的优点主要有两点：第一，由于方法是通过合并传统聚类结果所得到的联合聚类，因此，实现起来比较容易；第二，研究者可以根据不同的需求来选择不同的传统聚类方法，故该方法更具灵活性。但是方法在合并过程中可能出现数目较大的稳定类，这些类使得联合聚类结果不够直观、可靠。

其二，两阶段联合聚类协同过滤方法[113]提出了一种两阶段评分预测方法。该方法首先对原始矩阵中的评分模式进行用户和物品两个维度的联合聚类，然后在这些类别的内部通过加权非负矩阵分解方法对未知评分进行预测。这种方法的优势在于，第一阶段聚类的矩阵规模远远小于原始评分矩阵，并且同一类别内部的评分具有相似的模式，所以，在大幅度降低预测阶段计算量的同时，又提高了非负矩阵分解方法在面对稀疏矩阵预测上的准确度。

2）分割和攻破策略

该方法的思想是分而治之，先将问题分成若干与原问题相似但规模更小的子问题，运用递归方法解决这些子问题，对这些子问题的结果进行合并作为原问题的解决方法。这类方法的优点就是执行速度较快，而缺点是，在发现聚类结果之前，这些联合聚类就可能已经被分割成若干子问题，这样容易导致方法可能错过一些质量良好的联合聚类。Block Clustering 是利用这种方法来寻找联合聚类的第一人，后来，Duffy 和 Quiroz[114]、Tibshirani 等[115] 提出了几种改进的方法来提高联合聚类的质量。

3）贪心迭代策略

这类方法的原则是每一次的聚类都是局部最优的类。该方法通过每次的局部最优聚类实现全局的最优聚类。这类方法主要通过添加或删除行、列的方法来构造联合聚类，同时利用某一标准最大化的原则得到联合聚类，如迭代签名方法。

迭代签名方法[116]主要应用于基因数据。该方法将基于基因数据矩阵的一个联合聚类定义为其转录模型，通过任选一个已知的基因集合或随机产生一个基因集合做种子，进行迭代计算，优化种子，目的是实现集合归并到一个近似完美类，产生对应的联合聚类，不断迭代该过程，直到完全寻找到指定数目的联合聚类。

迭代签名方法通过将基因数据看成一个转录模型，实现数据规格化。该方法执行效率较高，但是方法存在阈值设定比较困难的问题，设置不当很容易导致联合聚类的质量不高。同时，该方法需要对不同的数据矩阵找到适合该数据的种子，如果种子选用不当，很容易造成方法结果的不准确。而且，这类方法可能会做出一些错误的决定，也会丢失一些质量较好的联合聚类。Cheng和 Church 首次将该策略用于搜索数据矩阵中的联合聚类，随后出现的 FLOC[117]、OPSM[118] 等方法都是基于贪心搜索策略的联合聚类方法。

4）联合聚类穷举法

联合聚类方法的目标是最终得到最优的联合聚类，因此，联合聚类问题本质上是 NP 问题。解决的办法之一就是，通过穷举所有可能存在于原数据矩阵中的联合聚类。这类方法可以准确找出最优的联合聚类，但由于时间复杂度高，因此，这类方法经常被应用在一些数据对象规模较小的场合，如 SAMBA 方法[119] 是利用穷举策略完成联合聚类的典型方法。

Tanay 等将图论与概率论结合起来，提出了 SAMBA 联合聚类方法[119]。该方法能够在高维数据集中有效地找出质量较好的联合聚类。该方法将输入的数据矩阵通过建模的方法构造一个完全的平衡二分图，目的是将联合聚类的问题转化为在二分图中找出稠密子图的问题。针对高维数据的聚类分析，出现了以平均平方残差为聚类标准进行聚类的联合聚类模型。

SAMBA 方法运用了穷举法策略，能够保证找出数据矩阵中较优的联合聚类，但该方法的时间复杂度较高，因此，该方法应用时通过限制所搜索联合聚类的矩阵大小的方法提高执行的效率。

5）分布参数识别法

这类方法通过一种特定的统计模型，通过选择较为合适的分布参数来产生联合聚类。因为模型的合理性直接影响联合聚类结果的质量，因此，这类方法的关键是统计模型。Gibbs 模型[120]是基于分布参数识别策略进行联合聚类的。

综上所述，联合聚类方法运用不同的搜索策略能够从行和列两个方向进行聚类。事实上，寻找联合聚类的问题实质是寻找最优类题，因此，大多数联合聚类方法采用启发式搜索策略进行联合聚类，如模拟退火方法[121]、蚁群方法[122]和遗传方法[123]等。

为了提高传统的基于贪心搜索方法的联合聚类方法的效率，很多联合聚类方法综合这些聚类策略，设计出了更高效率的联合聚类方法，如 Chakraborty[119]、Jayalakshmi 和 Rajagopalan[124] 将模拟退火方法应用于联合聚类方法。而 Chakraborty 和 Maka[125]结合遗传方法的优点提出了一种基于迭代遗传方法的联合聚类方法，与传统的联合聚类方法相比，该方法在效率和准确性上都得到了提高。

4.4 两阶段联合聚类方法（MTPCCA）

传统的聚类方法对行进行聚类时必须包含所有列的数据；同样，对列聚类处理时必须包含所有行的信息。如第 3 章提出的高属性维稀疏数据聚类方法，完成的是高属性维数据的聚类，即一维聚类。而本书研究的具有高维稀疏特征的对象—属性子空间中的行和列都可以看作原高维空间的子集，即高维稀疏对象—属性子空间中的行向量是高维稀疏对象的聚类；而列向量则是高维稀疏属性的聚类。因此，使用传统方法无法实现具有高维稀疏特征的对象—属性空间的分割。

联合聚类方法[104]可以是行和列的任意子集，且联合聚类的组织没有预先的约束，行或列的信息既可以属于多个聚类，也可以不在任何类中。故联合聚类这种不受限制的结构使其产生了更大的自由度，从而可以使隐藏在数据矩阵中的不同局部聚类信息得到充分发现。

本书研究的对象为高维稀疏特征对象—属性空间，其对象维和属性维都是高维稀疏数据，且取值均为 0 和 1 的二态变量。本章提出一种两阶段联合聚类方法（a modified two-phase collaborative clustering algorithm，MTPCCA），分阶段对对象维和属性维利用第 3 章提出的 CABOSFVABS 方法进行聚类，最终完成高维稀疏特征对象—属性空间分割，识别其对象—属性的子空间。事实上，这种空间分割过程同时也是预聚类过程，所以，也可以称为"聚类分割"。从搜索策略来看，属于迭代合并行和列的联合聚类。

一般来说，高维稀疏数据对象—属性的子空间维数较低，因此，具有高维稀疏特征的对象—属性空间分割过程是从子空间识别的角度实现了高维稀疏数据的预处理，是高维稀疏数据挖掘的重要内容之一。

4.4.1　MTPCCA 方法

1）MTPCCA 方法思想

由于具有高维稀疏特征的对象—属性空间中的对象维和属性维都是高维数据，如上所述，传统聚类方法进行行的聚类时需要所有列的数据；同样，进行列的聚类时需要所有行的信息，这样使用传统方法很难实现具有高维稀疏特征的对象—属性空间的分割。因此，本章运用两阶段联合聚类方法——MTPCCA 分别对高维对象维和高维属性维进行聚类分割，识别对象—属性的子空间，完成高维稀疏特征对象—属性空间的预处理。

该方法的思想：运用第 3 章提出的 CABOSFVABS 聚类方法分别对高维稀疏数据的对象维（具有高维稀疏特征的对象—属性空间中的行）和高维稀疏数据的属性维（具有高维稀疏特征的对象—属性空间中的列）进行聚类，然后合并在行和列上获得的聚类的结果，实现具有高维稀疏特征的对象—属性空间的分割，完成其对象—属性子空间的识别。

2）MTPCCA 方法步骤

MTPCCA 方法步骤如下。

第一步，建立一种数据结构存储，仅存储对象和具有非零值的属性号，从而节约存储空间。

第二步，采用两阶段协同聚类方法获得高维稀疏对象—属性的子空间，具体包括两步：第一，对象—属性空间进行按行扫描，利用第 3 章提出的 CABOSFVABS 聚类方法[106]对对象进行聚类分割，得到的是关于对象的一些聚类和孤立点；第二，对第一步获得的对象—属性空间再进行按列扫描，运用同样的方法对列进行聚类分割，两次聚类分割结果的交集部分即分割后的子空间。

4.4.2　MTPCCA 方法算例

假设有 8 个客户对象，记为 O_i，$i \in \{1, 2, \cdots, 8\}$，描述每

个对象的属性有 10 个，分别为该对象对 10 种产品的订购量，记为 A_j，$j \in \{1, 2, \cdots, 10\}$。各对象属性取值的稀疏特征二维表如表 4-7 所示。现在需要根据这 8 个客户对 10 种产品订购的情况进行对象维和属性维的预处理，这是对象—属性空间分割问题。

表 4-7 8 个客户订购 10 种产品的稀疏特征表 (一)

客户＼产品	产品 1	产品 2	产品 3	产品 4	产品 5	产品 6	产品 7	产品 8	产品 9	产品 10
客户 1	0	0	1	1	1	1	0	1	1	0
客户 2	1	0	0	0	0	0	0	0	1	0
客户 3	1	0	1	1	1	1	0	1	0	1
客户 4	0	0	0	0	0	0	0	1	0	0
客户 5	1	1	1	0	0	1	1	0	0	0
客户 6	1	0	1	1	1	1	1	1	0	1
客户 7	0	1	1	0	0	1	1	0	0	0
客户 8	1	0	0	1	1	0	1	1	0	0

（1）数据处理的数据结构，如表 4-8 所示。

表 4-8 8 个客户订购 10 种产品的压缩存储表

客户对象序号	订购产品序号集	客户对象序号	订购产品序号集
1	3,4,5,6,8,9	5	1,2,3,6,7
2	1,9	6	1,3,4,5,6,7,8,10
3	1,3,4,5,6,8,10	7	2,3,6,7
4	8	8	1,3,4,5,7,8

（2）6 个客户订购 10 种产品（6 个对象 10 种属性）对应的数据对象—属性空间结构图如图 4-9 所示。

	A_1	A_2	A_3	A_4	A_5	A_6	A_7	A_8	A_9	A_{10}
O_1	0	0	0	0	0	0	0	0	1	0
O_2	1	0	1	1	1	1	0	1	1	0
O_3	1	0	1	1	1	1	0	1	0	1
O_4	0	0	1	1	1	1	1	1	0	1
O_5	1	1	1	1	1	0	1	1	0	0
O_6	1	0	1	0	0	1	1	0	0	0
O_7	0	1	1	0	0	1	1	0	0	0
O_8	1	0	0	0	0	0	0	1	0	0

图 4 – 9　6 个对象 10 种属性的对象—属性空间图

（3）根据 MTPCCA 方法，先对对象空间运用 CABOSFVABS 方法进行聚类分割，对行进行 CABOSFVABS 方法运算，关键的两步如下。

第一步，确定需要计算差异度的对象，$N = 2$，假设差异度阈值为 $\varepsilon = 0.5$，则由公式

$$\mathrm{SFD}\big[X_1^{(0)} \cup X_i^{(0)}\big] = \frac{|\mathrm{NS}|}{2 \times |S|} \leqslant \varepsilon$$

$$|\mathrm{NS}| \leqslant 2 \times |S| \times b = 2 \times 0.5 \times |S| = |S|$$

可得

$$|\mathrm{NS}| \leqslant |S|$$

由于客户 2 订购的产品序号集合 $X_2 = \{1, 9\}$ 和客户 4 订购的产品序号集合 $X_4 = \{8\}$，根据式（3 – 12），客户 2 和客户 4 为孤立点，不需要计算其有关的 SFD。

第二步，确定首层聚类。

将 $X_1^{(0)}$ 和 $X_2^{(0)}$ 合并，则可由式（3-4）计算得到。集合 $X_1^{(0)} \cup X_2^{(0)}$ 中客户 1 和客户 2 都订购的产品序号集合 $S = \{9\}$ 及客户 1 和客户 2 订购情况不全相同的产品序号集合 NS $= \{3, 4, 5, 6, 8, 9\}$；从而，集合 $X_1^{(0)} \cup X_2^{(0)}$ 的稀疏差异度 SFD $[X_1^{(0)} \cup X_2^{(0)}]$ 为

$$\text{SFD}[X_1^{(0)} \cup X_2^{(0)}] = \frac{|\text{NS}|}{N \times |S|} = \frac{6}{2 \times 1} = 3$$

因为客户 1 和客户 2 之间的稀疏差异度值 SFD $= 3 > 0.5$，所以，客户 1 和客户 2 不可能聚为一类。类似计算，如

$$\text{SFD}[X_1^{(0)} \cup X_3^{(0)}] = \frac{|\text{NS}|}{N \times |S|} = \frac{3}{2 \times 5} = 0.3$$

因为客户 1 和客户 3 稀疏差异度值 SFD $= 0.3 < 0.5$，所以，客户 1 和客户 3 可以聚为一类。但是，如果将 $X_3^{(0)}$ 和 $X_6^{(0)}$ 合并，则

$$\text{SFD}[X_3^{(0)} \cup X_6^{(0)}] = \frac{|\text{NS}|}{N \times |S|} = \frac{1}{2 \times 7} = 0.08$$

因为 SFD $= 0.08 < 0.3 < 0.5$，因此，客户 3 和客户 6 聚为一类更具科学性，因此，我们将 $X_3^{(0)}$ 和 $X_6^{(0)}$ 合并到一个集合，作为一个初始类 $X_1^{(1)}$。

下面的运算按 CABOSFVABS 方法的步骤继续进行，直到行聚类结束，行聚类分割后得到的对象—属性空间如图 4-10 所示。

（4）对第一次对象聚类分割得到的对象—属性空间再进行按列扫描，同样运用 CABOSFVABS 聚类方法分割，得到对象—属性子空间，如图 4-11 所示。

	A_1	A_2	A_3	A_4	A_5	A_6	A_7	A_8	A_9	A_{10}
O_1	0	0	0	0	0	0	0	0	1	0
O_2	1	0	1	1	1	1	0	1	1	0
O_3	1	0	1	1	1	1	0	1	0	1
O_4	0	0	1	1	1	1	1	1	0	1
O_5	1	1	1	1	1	0	1	1	0	0
O_6	1	0	1	0	0	1	1	0	0	0
O_7	0	1	1	0	0	1	1	0	0	0
O_8	1	0	0	0	0	0	0	1	0	0

图 4 – 10　第一阶段聚类分割后的对象—属性空间图

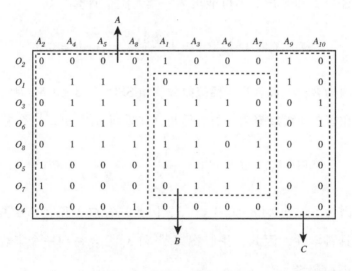

图 4 – 11　两阶段联合聚类识别的对象—属性子空间图

获得的对象—属性子空间主要包括三个，分别是子空间 A、子空间 B 和子空间 C，其中，子空间 C 是稀疏子空间（将在本书的第 6 章界定）；且子空间 A 和子空间 B 的维度都较原对象—属性空间小，即实现了有效降维，完成了对象—属性空间的预处理。

4.4.3　MTPCCA 方法实验

设有 30 个客户对象，客户序号记为 O_i，$i \in \{1, 2, \cdots, 30\}$，描述每个客户的属性（产品的订购情况）为 45 个，记为 A_j，$j \in \{1, 2, \cdots, 45\}$，如表 4－9 所示。需要根据这 30 个客户对 45 种产品订购的情况进行对象维和属性维的预处理，这是对象—属性空间分割问题。由 30 个客户对 45 种产品订购情况的数据构成的对象—属性空间图，如图 4－12 所示。

表 4－9　30 个对象、45 种属性取值的情况表

对象序号	取值为 1 的属性序号集
1	2,3,4,6,12,23,25,26,30,32,45
2	5,16,19,24,27,33,38,44
3	4,6,7,13,15,25,26,28,35,45
4	1,3,9,10,15,22,29,37
5	3,8,9,18,22,34,35,37,42
6	11,16,21,27,31,33,38,41
7	5,11,19,21,24,31,38,44
8	1,3,8,9,10,15,18,22,29,34,35,37,42
9	1,9,10,15,22,29,34,35,42
10	2,3,6,7,13,23,28,30,32,35,45
11	11,19,21,24,27,33,38,41,44
12	3,4,6,12,15,23,25,26,32,35,45
13	2,4,7,12,13,25,26,28,30,32,45
14	5,19,24,31,33,38,41
15	8,10,15,18,29,35,37
16	2,4,6,7,12,15,23,28,30,32

对象序号	取值为 1 的属性序号集
17	10,13,15,17,36,40,43
18	4,7,12,13,23,25,26,30,32,35
19	11,16,21,24,27,31,41,44
20	1,3,8,10,22,29,34,35,37
21	5,11,19,24,31,33,41,44
22	2,3,6,12,13,15,25,26,28,35
23	3,8,9,15,18,22,34,35,42
24	4,8,16,18,23,38,39,42
25	4,7,12,13,15,23,26,30,32,35,45
26	1,3,9,18,29,34,35,42
27	2,3,6,12,23,25,28,30,32,35,45
28	1,8,10,15,18,29,37,42
29	9,15,18,22,34,35,42
30	4,7,12,15,23,26,30,32,35

针对上述问题，分别应用基于内聚度聚类分割方法和两阶段联合聚类 MTPCCA 方法进行对象—属性子空间的识别。设一个类内对象的差异度上限 $\varepsilon = 0.5$。

运用基于内聚度聚类分割方法得到的对象—属性子空间如图 4 - 13 所示，利用 MTPCCA 方法得到的对象—属性子空间如图 4 - 14所示。实验的结果表明：图 4 - 13 中的子空间内部数据点分布较零散，而图 4 - 14 中的子空间内部紧凑性好：中心部分密度高，边缘部分逐渐稀释，在一定程度上也有利于子空间的独立性。因此，采用两阶段联合聚类方法获得的子空间质量较好。

	1	2	3	4	5	6	7	8	9	10	11	12	13	14	15	16	17	18	19	20	21	22	23	24	25	26	27	28	29	30	31	32	33	34	35	36	37	38	39	40	41	42	43	44	45
O_{1}		1	1	1		1						1											1		1	1				1		1													1
O_{2}					1											1			1					1			1						1					1						1	
O_{3}				1		1	1						1		1										1	1		1							1										1
O_{4}	1		1						1	1					1							1							1								1								
O_{5}			1					1	1									1				1												1	1		1					1			
O_{6}											1					1					1						1				1		1					1			1				
O_{7}					1						1								1		1			1							1							1						1	
O_{8}	1		1					1	1	1					1			1				1							1					1	1		1					1			
O_{9}	1								1	1					1							1							1					1	1							1			
O_{10}		1	1			1	1						1										1					1		1		1			1										1
O_{11}											1								1		1			1			1						1					1			1			1	
O_{12}			1	1		1						1			1								1		1	1						1			1										1
O_{13}		1		1			1					1	1												1	1		1		1		1													1
O_{14}					1														1					1							1		1					1			1				
O_{15}								1		1					1			1											1						1		1								
O_{16}		1		1		1	1					1			1								1					1		1		1													
O_{17}										1			1		1		1																			1				1			1		
O_{18}				1			1					1	1										1		1	1				1		1			1										
O_{19}											1					1					1			1			1				1										1			1	
O_{20}	1		1					1		1												1							1					1	1		1								
O_{21}					1						1								1					1							1		1								1			1	
O_{22}		1	1			1						1	1		1										1	1		1							1										
O_{23}			1					1	1						1			1				1												1	1							1			
O_{24}				1				1								1		1					1															1	1			1			
O_{25}				1			1					1	1		1								1			1				1		1			1										1
O_{26}	1		1						1									1											1					1	1							1			
O_{27}		1	1			1						1											1		1			1		1		1			1										1
O_{28}	1							1		1					1			1											1							1					1			
O_{29}									1						1			1				1												1	1							1			
O_{30}				1			1					1			1								1			1				1		1			1										

图 4 – 12　30 个对象、45 种属性的对象—属性空间图

	1	8	9	10	18	22	29	34	37	42	3	15	35	2	4	6	7	12	13	23	25	26	28	30	32	45	5	11	16	19	21	24	27	31	33	38	41	44	14	17	20	36	39	40	43
O_{4}	1		1	1		1	1		1		1	1																																	
O_{5}		1	1		1	1		1	1	1	1		1																																
O_{6}	1	1	1	1	1	1	1	1	1	1	1	1	1																																
O_{9}	1		1	1		1	1	1		1		1	1																																
O_{15}		1		1	1		1		1			1	1																																
O_{20}	1	1		1		1	1	1	1		1		1																																
O_{23}		1	1		1	1		1		1	1	1	1																																
O_{26}	1		1		1		1	1		1	1		1																																
O_{28}	1	1		1	1		1		1	1		1																																	
O_{29}			1		1	1		1		1		1	1																																
O_{1}											1			1	1	1		1		1	1	1		1	1	1																			
O_{3}												1	1		1	1	1		1		1	1	1			1																			
O_{10}											1		1	1		1	1		1	1			1	1	1	1																			
O_{12}											1	1	1		1	1		1		1	1	1			1	1																			
O_{13}														1	1		1	1	1		1	1	1	1	1	1																			
O_{16}												1		1	1	1	1	1		1			1	1	1																				
O_{18}													1		1		1	1	1	1	1	1		1	1																				
O_{22}											1	1	1	1		1		1	1		1	1	1																						
O_{26}												1	1		1		1	1	1	1		1		1	1	1																			
O_{27}											1		1	1		1		1		1	1		1	1	1	1																			
O_{30}												1	1		1		1	1		1		1		1	1																				
O_{2}																											1		1	1		1	1		1	1		1							
O_{6}																												1	1		1		1	1	1	1	1								
O_{7}																											1	1		1	1	1		1		1		1							
O_{11}																												1		1	1	1	1		1	1	1	1							
O_{14}																											1			1		1		1	1	1	1								
O_{13}																												1	1		1	1	1	1			1	1							
O_{21}																											1	1		1		1		1	1		1	1							
O_{17}				1								1							1																					1		1		1	1
O_{24}		1			1					1					1					1									1							1							1		

图 4 – 13　基于内聚度分割方法识别的对象—属性子空间图

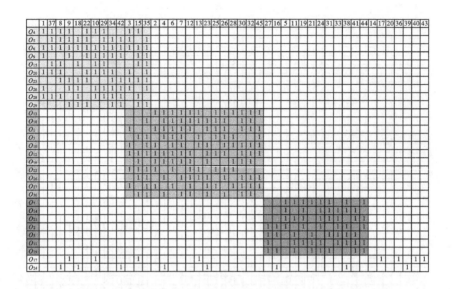

图 4 - 14　基于 MTPCCA 方法识别的对象—属性子空间图

4.5　本章小结

　　本章对具有高维稀疏特征的对象—属性空间，从对象和属性联合聚类的角度研究其子空间的识别问题，主要研究成果如下。

　　（1）研究分析了传统对象—属性空间分割方法基于内聚度方法，指出了该方法的局限性。

　　（2）在分析了两阶段联合聚类方法特点的基础上，提出了一种新的具有高维稀疏特征的对象—属性空间分割方法，即两阶段联合聚类方法——MTPCCA，并通过实例阐述了该方法的运算过程。

　　实验结果表明，两阶段联合聚类方法——MTPCCA 的性能优于基于内聚度空间分割方法。同时，由于两阶段联合聚类方法不需对高维数据集进行多次聚类，因而大幅度提高了计算效率。

在第 5 章将分析通过 MTPCCA 方法获得的具有稀疏特征的对象—属性子空间之间可能存在的交叉重叠区域的归属问题，研究对象—属性子空间的交叉重叠区域归属的判别方法。

第5章 对象—属性子空间重叠区域的归属问题

5.1 问题描述及相关研究工作

正如第 4 章所述，本书运用两阶段联合聚类方法对具有高维稀疏特征的对象—属性空间进行聚类分割，目的是识别相应的子空间，实现对具有高维稀疏特征的对象进行数据预处理，降低进一步数据挖掘应用的难度。

但高维稀疏特征对象—属性子空间中有一类现象值得注意：子空间边缘部分可能无明显的边界，即对象—属性子空间之间边缘部分存在交叉重叠区域，如图 5-1 所示，子空间 A 和子空间 B 存在交叉重叠区域 C，即 $A \cap B = C$。这部分交叉重叠区域 C 到底是属于子空间 A 还是子空间 B，即这部分交叉重叠区域 C 的归属问题，直接涉及子空间 A 和子空间 B 的构成，影响子空间 A 和子空间 B 的质量，最终影响数据挖掘的结果。如具有高维稀疏特征的对象—属性子空间需运行数据挖掘方法时，该交叉重叠区域 C 中的数据至少被扫描两次：作为子空间 A 的边缘被扫描一次，而作为子空间 B 的边缘同样被扫描一次，这样明显增加了数据挖掘方法的复杂度。基于这一点，本章提出对对象—属性子空间的交叉重叠区域归属问题的研究。

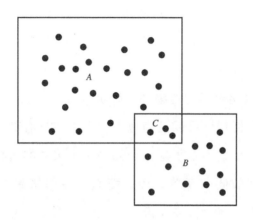

图 5 – 1　子空间中的交叉重叠区域图

如上所述，具有高维稀疏特征的对象—属性子空间之间可能存在交叉重叠区域，且具有高维稀疏特征的对象属性取值是稀疏的，因此，对象—属性子空间的交叉重叠区域中的属性取值可能仍然稀疏，甚至出现对象属性取值全为零的现象。如图 5 – 2 所示，子空间 A 和子空间 B 之间存在交叉重叠区域 C，即 $A \cap B = C$，且 $C = \{0, 0; 0, 0\}$，也就是说，对象—属性子空间的交叉重叠区域 C 中没有数据点分布的情况（第 6 章专门研究这种现象）。

由于零值属性对数据挖掘的结果基本没有影响，因此，这部

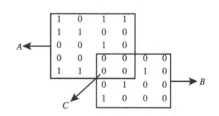

**图 5 – 2　交叉重叠区域中
零属性值现象**

分交叉重叠区域 C 归属到子空间 A 还是归属到子空间 B 对最终数据挖掘的结果没有异常，故这种情况不在本章的研究范围之内，即本章研究的是子空间的交叉重叠区域内有数据点分布的情况。

一般来说，从子空间中央到子空间边缘部分一直到空白区域，数据点分布的变化是渐进的。目前关于聚类（簇）边缘部分的研究大体可以分为三类。

1. 基于网格聚类的边缘部分研究

传统的网格划分可以正确地识别出类的核心部分，但对类的边缘部分的效果就不是很理想。如果一个聚类的边界点落入与高密度单元相邻的低密度单元中，那么，在网格聚类方法的过程中，这个边界点将会被看作孤立点或噪声而被丢弃，这将在一定程度上影响聚类的精度。

如图 5-3 所示，图（a）中 $A2$ 和 $C2$ 的数据点很可能被当作噪声来处理，图（b）中两个类的边缘部分中分布的数据点很可能误将两个类作为一个类[126]。

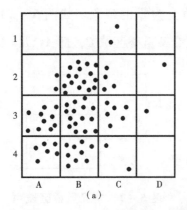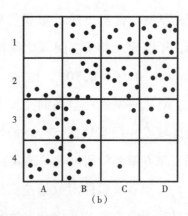

图 5-3 聚类边界不准现象

下面以各种具体的基于网格聚类方法为例，分析其聚类（簇）边缘部分的研究。

1）CLIQUE[127]方法

CLIQUE 聚类方法[127]综合了基于密度和基于网格的聚类方法的优点。该方法对大规模数据库中高维数据的聚类效果不错。其主要思想：对于任何一个给定的多维数据点的大集合，由于数据点在数据空间中通常不是均衡分布的，CLIQUE 方法能够区分空间中稀疏的区域（或单元）和"拥挤的"区域（或单元），以发现数据集合的全局分布模式。如果一个单元中的数据点的数目超过了输入参数阈值，则该单元是密集的。在 CLIQUE 聚类方法中，类定义为相连的密集单元的最大集合。

CLIQUE 方法分两步进行聚类，步骤如下。

第一步，CLIQUE 方法先将 n 维数据空间划分为互不相交的长方形单元，识别其中的密集单元。代表密集单元的相交子空间形成了一个候选搜索空间，其中可能会存在更高维的密集单元。根据关联规则挖掘中的先验性质，CLIQUE 方法将更高维密集单元的搜索限制在子空间的密集单元的交集中。一般来说，该性质在搜索空间中利用数据项的先验知识方便空间维数约简。CLIQUE 方法利用了如下性质：如果一个 k 维单元是密集的，那么，它在 $(k-1)$ 维空间上的投影也一定是密集的，即给定一个 k 维的候选密集单元，检查其 $(k-1)$ 维投影单元，如果存在一个是非密集的，那么 k 维单元不可能是密集的。因此，可以从 $(k-1)$ 维空间中的密集单元来推断 k 维空间中潜在的（或候选的）密集单元。一般情况下，经过处理后的结果中数据的维数比初始维数要小很多，然后检查密集单元决定聚类。

第二步，CLIQUE 方法最小化描述生成的每个类。对每个类，该方法确定覆盖相连的密集单元的最大区域，然后确定其最小的覆盖。CLIQUE 方法能自动地发现最高维的子空间，高密度聚类存在于这些子空间中。

CLIQUE 方法对原组的输入顺序不敏感，对数据的分布没有特别要求，且随着输入数据的大小线性地扩展，数据相应的维数增加时，该方法具有良好的可伸缩性。

但是，该方法是根据用户输入的参数等宽分割每一维，即网格单元采用硬划分，这样容易导致某一类可能被固定网格分割成多个区域造成边界不清晰，且小的类被忽视。若通过设定一个密度阈值的方法把所得网格单元划分为稀疏和稠密两种类型，在覆盖相连密集区域时再将其相连，则在高维情况下自底向上进行聚类的过程中，由于划分单元的数目增加，从而产生大量的候选集，这增加了方法的复杂度。

2）MAFIA 方法

针对 CLIQUE 方法网格参数难以确定的缺点，Goil 等提出了 MAFIA 方法[128]，其网格大小是根据数据的分布特性进行动态调整，不再是固定不变的。该方法同样综合了基于密度和基于网格两种聚类方法的优点。

在 MAFIA 方法中使用了一种自底向上的子空间聚类技术，该方法的基本思想：根据数据点的分布自动划分网格单元，k 维候选的高密度单元是通过合并任意两个 $(k-1)$ 维的高密度单元得到的，并且这两个 $(k-1)$ 维的单元有一个共同的 $(k-2)$

维的子单元，再根据高密度单元进行聚类。

为了减少聚类方法需要处理的网格单元数目，MAFIA 方法将均匀划分的网格中每一维上的数据分布密度相似的相邻段合并，产生一个不均匀划分的网格。这个网格可以在数据分布较均匀的区域划分粒度大，而在数据分布不均匀的区域划分粒度小，这样可以提高该方法的效率和聚类的精度。MAFIA 方法利用自适应网格划分（adaptive grids）的技术进行网格划分，显著减少了每维上分割的单元数量和候选聚类区域集的数目，提高了效率。MAFIA 方法还引入并行处理来增强其伸缩性。

该方法在一定程度上提高了网格方法的精确度，可减少聚类时产生的类碎片，不过这种方法依然存在类边缘处的数据点归属不准确的现象，且该方法时间复杂度会随高维数据的维数呈指数增长，因此该方法实现起来较为复杂。

针对传统 CLIQUE 网格聚类方法没有考虑到相邻网格内的数据点对网格的影响，存在聚类边界判断不清的情况而影响最终聚类效果的问题，王生生等[129]提出了一种高维空间数据的子空间聚类方法。该方法的主要思想：考虑空间相邻网格间的相互影响，通过扩展相邻网格空间的方法进行聚类，如图 5 - 4 和图 5 - 5所示。

针对网格和密度的类边缘处理问题，单世民等[126]提出 GDCAP（grid and density based clustering algorithm with pricise cluster boundaries）方法。该方法将数据空间划分为若干个互不相交的网格单元，以网格单元的计算代替数据点的计算。该方法的主要思想：根据数据点在网格单元中的密度信息，通过利用全局网格

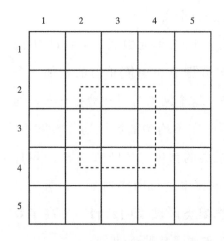

图 5 – 4　扩展 1/2 网格图

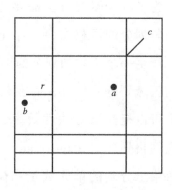

图 5 – 5　同位置点距离
计算情况图

密度差最大化方法对网格单元进行最优二划分确定类的骨架；剩余非空网格中的数据点被重新提取出来，恢复数据点的原有的信息，按照聚类隶属度函数值进行下一步聚类过程。该方法在必要的时候还原这些数据点所具有的信息，在一定程度上克服了单纯网格划分后可能出现的类边缘划分不准的缺点，但该方法对网格单元密度阈值非常敏感。网格单元的数量远远小于数据点数量，从而减小处理对象的规模。

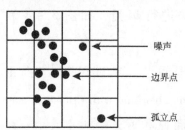

图 5 – 6　聚类边界点、噪声、
孤立点图

针对 CLIQUE 方法中如果出现一个聚类的边界刚好在一个低密度单元，如图 5 – 6 所示，该边界点会被误看作孤立点而被舍弃，即将聚类的边界点与噪声或孤立点混在一起的问题，陈朝华和王伟平提出了 CAG-CLIQUE 基于约束条件的自适应网格 CLIQUE 聚类方法[130]。

该方法提出了一种边界调整技术来处理这些聚类边界点，具体方法：对于每一个低密度的网格单元，若其相邻单元中存在高密度单元，则检查该单元的所有非空子单元，并将子单元合并到与该单元有公共边界的高密度单元中，即子单元中的点是聚类的边界；如果与该子单元相邻的单元都是低密度的，该子单元中的数据点作为噪声处理。经过对聚类边界的调整处理，能较准确地将聚类的边界点从噪声数据中分离出来，但无法解决子空间重叠区域问题。

Qiu 等[131]提出 GCOD 方法，该方法采用相交网格划分的措施，即对固定网格划分与自适应网格划分技术采取了一种折中的处理策略。该方法先根据属性值的统计信息，利用相对熵进行属性约简：如果某属性对聚类无贡献或贡献很小，则直接去除，然后判断是采用固定网格划分还是采用自适应网格划分。该方法通过控制网格大小的方法解决多个区域造成边界不清晰的问题。

Opt CLIQUE 聚类方法[132]根据一种边界点的阈值函数解决边界点归属问题。

$$\text{BorderFun}(i) = \frac{i}{d}(\text{Dmpts} - \text{Smpts}) + \text{Smpts}, (0 \leqslant i \leqslant d)$$

$$(5 - 1)$$

其中，d 为网格的初始宽度；Dmpts 和 Smpts 分别为稠密单元的密度和稀疏单元的密度（与该稠密单元相邻的稀疏单元的密度）；i 为到稠密单元的距离。该方法的主要思想：对于每个高密度网格单元，若其邻居单元是低密度单元，则考察该邻居单元，如果 BorderFun(i) 满足给定的函数阈值，就需要将边界做出相应的调整，调整的幅度为 i，并将此部分并入高密度单元中。这样可以提高聚类的质量，减少类中数据的丢失。

李光兴[133] 提出了基于网格相邻关系的多密度聚类和离群点识别方法，该方法通过定义相异函数、相对密度来确定边缘区域数据点的归属。

何虎翼等[134] 提出了 CGDCP 方法，其思想是通过对数据空间进行网格划分寻找稀疏区域识别类的边界的贪婪增长方法。该方法采用单一维边界识别方法区分类，认为在每一维上都可以通过数据投影的稀疏区域来寻找类的边界。所以该方法首先将数据集的每一维在数域上进行等间距的网格划分；其次根据密度阈值的判断获得稀疏单元，将相邻的稀疏单元连接起来构成全域范围的稀疏区域；最后去掉数域两端的区域得到内含边界的稀疏区域，并选取这些区域的中点作为类的边界。

余灿玲等[135] 提出了一种基于网格密度方向的类边缘精度加强方法——GDDEA，该方法首先设置密度阈值，其次根据该密度阈值将网格进行划分：该方法只对满足密度阈值的网格单元进行处理。该方法检查当前满足密度阈值的网格单元是否出现挤压的情况，如果是，则进行细分处理来判断该单元是不是边缘单元：判断主小单元与主单元的密度比，若密度比大于预先设定的阈值 γ 或者小于另一个阈值 α，则该单元是不可传递的，即该单元是类与类之间的边缘单元；否则，该单元是可传递的，即该单元是一个类内部的单元。该方法能较好地判断基于密度聚类方法中未达到密度阈值的单元中的那些数据点是噪声还是从属的类（聚类）。

2. 密度聚类

传统的密度方法只关心那些组成聚类核心的部分，却很少考虑类与空白区域的交界处以及类与类边缘重叠部分，而高密度区域与低密度区域的分界处，也很可能是两个或多个相距比较近的类的分界处。另外，如果密度聚类方法单纯依靠减小阈值 MinPts 的方法来提高聚类质量，同样容易产生过多的孤立小聚类，使聚类的结果变得杂乱无章[129]，如图 5 - 7 所示。

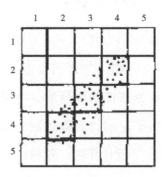

图 5 - 7　边界效应引起聚
类效果不好图

针对传统的密度方法存在的"边界效应"问题，刘佳佳等[136]结合网格聚类方法简单的优点，提出了基于相交网格划分的聚类方法（intersected grid clustering based on density estimation，IGCOD）。该方法对相交网格的尺寸进行控制，给出了密度度量的新定义，根据密度期望判断是否合并两个相交的网格。

综上所述，基于密度聚类的聚类方法边缘区域的研究取得了一定的成果，提出了一些效率较高的方法。但是这些方法均在一定程度上受密度参数的影响，或者说边界部分的识别对密度参数是敏感的。

3. 联合聚类

如第 3 章所述，传统联合聚类方法——CC 方法是利用随机数屏蔽聚类结果，破坏了其他可能与被屏蔽的聚类结果有重叠元素的联合聚类，所以 CC 方法不能有效地发现具有重叠结构的联合聚类。

聚类结果的重叠率定义：给定两个联合聚类矩阵 A 和 B，它们之间的重叠率 $R = \dfrac{|A \cap B|}{|A \cup B|}$，其中 $|A \cap B|$ 为 $A \cap B$ 中的元素数量；$|A \cup B|$ 为 $A \cup B$ 的元素数量。

周骋[105]提出了不含随机数的惩罚策略，通过设计惩罚目标函数来控制联合聚类结果中的重叠率，从而有助于解决联合聚类中子空间的重叠区域的归属问题。

综上所述，各种聚类方法根据自身的特点设计不同的方法处理类的边缘，以提高类的质量，但是都在一定程度上存在不足。

本书研究的高维稀疏特征对象—属性子空间是通过对具有高维稀疏特征的对象—属性空间聚类分割得到的，这些对象—属性子空间的交叉重叠区域影响了相关子空间的结构，从而影响其质量。

对象—属性子空间的边缘部分及子空间的交叉重叠区域的识别研究也是具有高维稀疏特征的对象—属性空间分割理论的基本组成部分，因此本章提出对象—属性子空间的重叠区域的归属方法，解决这部分重叠区域的归属问题。

5.2　对象—属性子空间的边缘重叠区域归属方法——OASEDA 方法

对象—属性子空间的交叉重叠区域的存在直接影响了相关子

空间的结构，进而影响它们的质量。本章提出一种归属方法解决对象—属性子空间之间的交叉重叠区域归属问题，该方法基于传统的 k-means 聚类方法结合权重理论设计一种目标函数作为相似度函数，其值则为相似度值，并根据相似度值的大小确定子空间之间交叉重叠区域的具体归属。

5.2.1　方法思想

图 5-8 为某一物体的受力分析图，由力学知识，$F = \vec{F_1} + \vec{F_2}$，而物体合力 $F' = F - F_3$，物体的运动轨迹取决于其受到的合力大小：如果 $F' > 0$，即 $F < F_3$，此时物体的运动轨迹沿力 F_3 所指的方向；如果 $F' < 0$，即 $F > F_3$，此时物体的运动轨迹沿力 F 所指的方向。

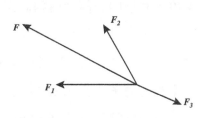

图 5-8　受力分析图

物体做圆周运动时指向圆心的力称为"向心力"，始终指向圆心；离心力使得物体做离心运动，即离心力是使得物体做逐渐远离圆心的运动的力。做圆周运动的物体轨迹取决于物体受到的合力大小：如果所受到的"向心力"大于物体所受的"离心力"，则运动轨迹为圆周运动轨迹；如果所受到的"向心力"小于物体的"离心力"，则运动轨迹为离心运动轨迹。

聚类中的"内聚度"与物理学中的"物体受到的向心力"或者"物体受到的向心力的合力"有相似性，而聚类中的"分离度"则与物理学中的"物体受到的离心力"的概念相仿。受力学知识的启发，本书提出确定交叉重叠区域归属思想：这部分区域应归属到哪个相关子空间取决于合并后的子空间内聚度与分离度的相对大小。

同时，由于对象—属性子空间是运用两阶段联合聚类方法对具有高维稀疏特征的对象—属性空间进行聚类分割得到的，所以对象—属性子空间的交叉重叠区域的归属问题直接涉及聚类结果的有效性评价。

结合聚类有效性评价知识，本章提出确定对象—属性子空间的交叉重叠归属系数时主要考察这部分区域与相邻子空间的簇内紧凑度和簇间分离度的相对大小。

如图 5 – 1 所示，子空间 A 与子空间 B 之间存在交叉重叠区域 C。本章将对象—属性子空间之间的边缘重叠区域 C 作为另外一个独立的子空间 C 来研究，确定子空间之间边缘重叠区域 C 的归属问题就转化为子空间 C 聚类问题。由于高维稀疏特征对象—属性空间经过分割后，得到的是原空间的一些子空间。从数据预处理的角度来看，实现了信息的无损降维，而这些对象—属性子空间中的数据点维数较低或者说是低维的。因此，研究这部分对象—属性子空间重叠区域归属问题是在低维数据中进行的。

本章提出一种新型 k-means 聚类方法——OASEDA（object attributes subspace edges detection algorithm）方法。该方法结合子空间内部的紧凑度与子空间分离度来设计目标优化函数，计算对象—属性子空间的边缘重叠区域 C 的归属系数值，并根据归属系数值的相对大小确定该交叉重叠区域的归属。

实际生活中，高维稀疏特征对象—属性空间中的属性值的重要性是不同的，即需要考虑属性的权重。例如，每个钢铁厂都有自己的特色产品，以××型号无缝钢管为例，上海宝钢公司的汽车用钢、石油管、造船板等，都是该公司的特色产品，这些产品的销售情况反映了该厂这些产品的市场占有率，间接意义上，这也说明这些产品与市场需求的关系，为以后研发新产品提供了科学的依据，而普通型号钢铁的销售情况则与顾客对该钢铁厂产品的认可程度有更强的关联等。

为了得到对象—属性子空间的交叉重叠区域较为准确的归属系数，本章同时将结合属性权重考虑子空间内部的紧凑度与子空间之间的差异度的计算。

下面首先介绍相关研究。

1. 属性权重问题

权重的研究目前主要可以分为两类：一类是模糊集；另一类是信息熵。

1）模糊集

美国加利福尼亚大学控制论教授扎得（L. A. Zadeh）经过多年的研究，终于在 1965 年首先发表了题为《模糊集》的论文。其指出：若对论域（研究的范围）U 中的任一元素 x，都有一个数 $A(x) \in [0, 1]$ 与之对应，则称 A 为 U 上的模糊集，$A(x)$ 称为 x 对 A 的隶属度。当 x 在 U 中变动时，$A(x)$ 就是一个函数，称为 A 的隶属函数。隶属度 $A(x)$ 越接近于 1，表示 x 属于 A 的程度越高；$A(x)$ 越接近于 0，表示 x 属于 A 的程度越低。

2）信息熵

1948 年，信息论之父 C. E. Shannon 发现任何信息都存在冗余，冗余的大小与信息的每一个符号出现的概率和理想的形态有关，提出了"信息熵"的概念。信息熵现在是信息论中用于度量信息量的一个概念。信息的不确定性越小，即系统越有序，信息熵就越低；反之，信息的不确定性越大，则信息熵越大。

2. 相关的簇内紧凑度和簇间分离度研究

1）簇内紧凑度

簇内紧凑度即聚类各个数据点之间的相似度，主要有两类，即模糊权重计算簇内紧凑度和熵权重计算簇内紧凑度。

类一，模糊权重计算簇内紧凑度。

模糊权重的计算最早可以追溯到 2000 年，Keller[137] 将样本权值引入 FCM（fuzzy c-means）[138] 聚类方法中，通过迭代优化方法得到样本权值，并且可以根据权值的大小来反映不同样本对聚类贡献的大小。下面先介绍 FCM 方法。

设样本集为 $X = \{x_1, x_2, \cdots, x_N\}$，$\forall x_i = (x_{i1}, x_{i2}, \cdots, x_{id}) \in R^d$，$C$ 为聚类数目，集合 $V = \{v_1, v_2, \cdots, v_c\}$，$\forall v_i = (v_1, v_2, \cdots, v_{id})$ 为任意聚类的中心，u_{ij} 为样本 x_i 隶属于第 j 类的隶属度，则聚类的目标函数为

$$J(U,V) = \sum_{j=1}^{C} J_j = \sum_{j=1}^{C} \sum_{i=1}^{N} u_{ij}^m d_{ij}^2 \qquad (5-2)$$

其中，$m > 1$ 为一个可以控制聚类结果的模糊程度的常数；$d_{ij} = \| x_i - v_j \|$ 为第 i 个样本与第 j 类的数据中心的欧几里得距离；$0 < u_{ij} < 1$，需满足如下条件：

$$\sum_{j=1}^{c} u_{ij} = 1, \forall i = 1,2,\cdots,N \qquad (5-3)$$

根据式（5-2）构造如下拉格朗日目标函数，可以求得使式（5-2）达到最小值的必要条件。

$$\tilde{J}(U,V,\lambda) = J(U,V) + \lambda \left(\sum_{j=1}^{C} u_{ij} - 1 \right) \qquad (5-4)$$

其中，λ 为约束式的拉格朗日乘子，$W = \{w_1, w_2, \cdots, w_d\}$ 为样本特征的权值。为了使得式（5-4）达到最小，对所有输入参量求导，得到

$$v_j = \frac{\sum_{i=1}^{N} \mu_{ij}^m x_i}{\sum_{i=1}^{N} \mu_{ij}^m} \qquad (5-5)$$

$$\mu_{ij} = \frac{d_{ij}^{(-2(m-1))}}{\sum_{k=1}^{C} d_{ik}^{(-2(m-1))}} \qquad (5-6)$$

将式（5-5）和式（5-6）代入式（5-2），可得聚类的最小相似度值。

尽管 FCM 方法没有考虑属性的权重大小，但在模糊聚类方面做了一个开创性的研究，很快引起了许多研究者的兴趣，如最早研究模糊权重的子空间聚类方法——AWA[139]、模糊权重的 k-means 方法（FWKM）[140]、模糊子空间聚类——FCS[141]等。

$$J_{AWA} = \sum_{i=1}^{c} \sum_{j=1}^{N} u_{ij} \sum_{k=1}^{D} w_{ik}^{\tau} (x_{jk} - v_{ik})^2 = \sum_{i=1}^{c} \sum_{k=1}^{D} w_{ik}^{\tau} \sum_{j=1}^{N} u_{ij} (x_{jk} - v_{ik})^2$$

$$s.t.\ u_{ij} \in \{0,1\}, \sum_{i=1}^{c} u_{ij} = 1, 0 \leq w_{ij} \leq 1, \sum_{k=1}^{D} w_{ik} = 1$$

$$(5-7)$$

类二，熵权重计算簇内紧凑度[142~145]。

与模糊权重计算簇内紧凑度不同的是，熵权重计算簇内紧凑度是根据信息熵的值表示属性的权重，如熵权重 k-means 聚类方法——EWKM[146]、LAC[147~149]等，其中，EWKM 方法如下：

$$E(C,W) = \sum_{k=1}^{K} \sum_{j=1}^{D} \left[(x_{ij} - v_{kj})^2 + rw_{kj}\log w_{kj} \right] + \sum_{k=1}^{k} \lambda_k \left(1 - \sum_{j=1}^{D} w_{kj} \right)$$

$$w_{kj}^{(EWKM)} = \frac{\exp\left[-\sum_{x_i \in C_k} (x_{ij} - v_{kj})^2 / r \right]}{\sum_{l=1}^{D} \exp\left[-\sum_{x_i \in C_k} (x_{ij} - v_{kj})^2 / r \right]}$$

$$(5-8)$$

考虑到属性的权重可根据具体对象设置，本章利用的是模糊权重计算簇内紧凑度。

2）簇间分离度

张燕萍和姜青山[142]根据"维度权值的大小与数据点投影到该维度上的分布离散程度成反比"的理论，引入了衡量子空间维度权值分布的离散程度的计算公式，并且定义子空间差异 diff (S_k)：

$$\text{diff}(S_k) = \frac{D \sum_{j=1}^{D} \left(w_{kj} - \frac{1}{D} \right)^2}{D-1} \qquad (5-9)$$

其中，D 为数据对象的维数。

还有其他方法，如 FCS[147~149]模糊权重簇间分离度等。

$$J_{s\_fw} = \sum_{i=1}^{c} \left(\sum_{j=1}^{N} u_{ij}^m \right) \sum_{k=1}^{D} w_{ik}^{\tau} (v_{ik} - v_{0k})^2 \qquad (5-10)$$

5.2.2　OASEDA 方法目标函数

结合上面提到的方法思想，对象—属性子空间的重叠区域归属系数计算包括两部分，即交叉重叠区域归属到的子空间的内部紧凑度和子空间之间的分离度。下面先给出相关的定义，然后分别研究子空间的内部紧凑度和子空间之间的分离度的计算。

归属系数 γ：交叉重叠区域的归属系数，即该区域与子空间的相似度。

归属系数 γ 越大，即相似度越大，根据 k-means 方法思想，聚为一类。即

$$\gamma = \frac{1}{J(A,C,W)} \tag{5-11}$$

其中，A、B 分别为子空间 A 和子空间 B；C 为子空间 A 和子空间 B 间的交叉重叠区域，W 为熵权重系数。故

$$\gamma_1 = \frac{1}{J(A,C,W_1)}, \gamma_2 = \frac{1}{J(B,C,W_2)}$$

如果 $\gamma_1 > \gamma_2$，则 $C \supset A$，即重叠区域 C 与对象—属性子空间 A 更相似，故重叠区域 C 应与子空间 A 合并，或者说重叠区域 C 应归属到子空间 A；否则 $C \subset B$，重叠区域 C 归属到子空间 B。

由于 k-means 是一种 EM 型方法，它在迭代过程中不断更新数据集的划分，用以优化以下目标函数

$$R_0(C,V) = \sum_{K=1}^{K} \sum_{x_i \in C_k} \| x_i - v_k \|^2 \tag{5-12}$$

k-means 在全空间搜索数据集的最优划分，记号 x_i、v_k 分别为全空间中的第 i 个数据点和 k 个划分的中心，$\|\cdot\|$ 为范数。

1. 交叉重叠区域归属到的子空间的内部紧凑度的计算

（1）先将子空间按交叉重叠区域分块，如图 5-9 所示，则 $A = A1 \cup A2$，$B = B1 \cup B2$，$A \cap C = \Phi$。

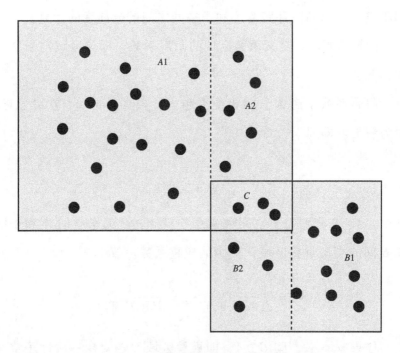

图 5-9　子空间的交叉重叠区域分块图

（2）借鉴 Jing[20] 等提出的软子空间聚类——FWKM 方法中的内紧凑度计算思想，则子空间的内紧凑度计算：设 $A' = A \cup C$，则子空间 A' 的数据空间 DB = $\{X_1, X_2, \cdots, X_N\}$，其中 $X_i = \{x_{i1}, x_{i2}, \cdots, x_{iD}\}$，$X_i$ 为 D（$D > 1$）维数据空间的第 i 个数据点，$i = 1, 2, \cdots, N$，这里 N（$N > 1$）表示数据点数目，K（K

>1）是给定的类数目，本书 $K = 2$。

$$J_1(C, V, W) = \sum_{k=1}^{k} \sum_{J=1}^{D} w_{kj}^{\beta} \sum_{x_i \in C_k} (x_{ij} - v_{kj})^2 \qquad (5-13)$$

$$\text{s. t. } u_{ij} \in \{0,1\}, \sum_{i=1}^{C} u_{ij} = 1, 0 \leq w_{ij} \leq 1, \sum_{k=1}^{D} w_{ik}^{\tau} = 1 \quad (5-14)$$

其中，$w_k = \{w_{i1}, w_{i2}, \cdots, w_{iD}\}$ 和 $v_i = \{v_{k1}, v_{k2}, \cdots, \overline{v_{kD}}\}$ 分别为子空间 A 中各种属性的维度权值和类中心向量，且 $\sum_{j=1}^{D} w_{kj} = 1$，$k = 1, 2, \cdots, k$，$V = \{v_{kj}\}_{k \times D}$ 和 $W = \{w_{ij}\}_{N \times D}$ 为两个矩阵，β 为用户定义的加权参数，其作用是调节权值的影响力。

2. 交叉重叠区域归属到的子空间的簇间分离度

如图 5 - 9 所示，$B \cap C = \Phi$，为了计算子空间 C 与子空间 B 的分离度，设 $B' = B \cup C$，$K = 2$，此时由于样本空间 A' 变成 B'，故样本数据发生了变化，对应的 N 和 D 都变化为 N' 和 D'。借鉴 FCS 模糊权重簇间分离度

$$J_2 = \sum_{i=1}^{C} \left(\sum_{j=1}^{N'} u_{ij}^m \right) \sum_{k=1}^{D'} w_{ik}^{\tau'} (v_{ik} - v_{Ok})^2$$

$$v_0 = \frac{\left(\sum_{j=1}^{N} X_j \right)}{N}$$

$$\text{s. t. } u'_{ij} \in \{0,1\}, \sum_{i=1}^{C} u'_{ij} = 1, 0 \leq w'_{ij} \leq 1, \sum_{k=1}^{D} w_{ik}^{\tau'} = 1$$

$$(5-15)$$

3. 构造新的优化目标函数

根据 EM 的原理，常用的解决办法是基于 W 和 V 的局部最

优来解决目标函数 J 的最优化。结合式（5-13）和式（5-15），为计算 W 和 V 的局部最优值，在 J 的基础上引入 w_{ij} 和 w'_{ij} 的约束条件构造拉格朗日优化函数 J

$$J(C,V,W,U,W') = J_1 + J_2 = \sum_{k=1}^{K} \sum_{j=1}^{D} w_{kj}^{\beta} \sum_{x_i \in C_k} (x_{ij} - v_{kj})^2 +$$

$$\lambda \sum_{i=1}^{C} \left(\sum_{j=1}^{N'} u_{ij}^m \right) \sum_{k=1}^{D'} w_{ik}^{\tau'} \left(v_{ik} - \frac{\left(\sum_{j=1}^{N} X_j \right)}{N} \right)^2$$

$$(5-16)$$

其中，参数 w_{ij}、w'_{ij} 和 λ 为根据实际情况确定的属性的权重。

同理，计算 γ_2 时，内紧凑度 $B' = B \cup C$，分离度 $A' = A \cup C$。

OASEDA 方法步骤如下。

（1）根据边缘重叠区域 C 的分布情况，将对应的子空间 A 和子空间 B 沿 C 分块，如图 5-9 所示，则 $A = A1 \cup A2$，$B = B1 \cup B2$。

（2）分别计算对象—属性子空间的重叠区域 C 的归属系数 γ_1 和 γ_2 值。

根据式（5-16），分别计算对象—属性子空间的重叠区域 C 归属系数 γ_1 和 γ_2 值。如果 $\gamma_1 > \gamma_2$，则 $C \supset A$，重叠区域 C 应与子空间 A 合并，即 C 归属到子空间 A；否则 $C \subset B$，重叠区域 C 归属到子空间 B。

综上所述，计算对象—属性子空间交叉重叠区域的归属系数时，该方法不仅考虑子空间内的紧凑度，而且还要考虑子空间之间的分离度。另外，由于对象—属性子空间是通过聚类方法分割得到的，所以对象—属性子空间本身也是聚类。因此，子空间的中央数据密集区的密度沿中央向边缘部分递减，故边缘重叠区域内数据点分布一般较稀疏，即边缘重叠区域内分布数据点数目较少，该方法需要扫描的数据量通常较少，复杂度为 O（KND），N 较小，该方法的复杂度低。

5.2.3 OASEDA 方法算例

假设有 8 个客户对象，记为 O_i，$i \in \{1, 2, \cdots, 8\}$，描述每个对象的属性有 10 种，分别为该对象对 10 种产品的订购量，记为 A_j，$j \in \{1, 2, \cdots, 10\}$，如表 5-1 所示。现在需要根据这 8 个客户对 10 种产品订购的情况进行对象维和属性维的预处理，识别其中的对象—属性子空间。

表 5-1 8 个客户订购 10 种产品的情况表

产品 / 客户	产品 1	产品 2	产品 3	产品 4	产品 5	产品 6	产品 7	产品 8	产品 9	产品 10
客户 1	0	0	0	0	0	0	60	0	0	0
客户 2	0	180	0	260	90	0	0	0	0	180
客户 3	150	0	360	300	0	500	70	0	160	0
客户 4	0	0	0	0	100	0	0	80	0	350
客户 5	0	120	180	120	0	60	560	0	300	420
客户 6	320	0	0	280	600	0	0	0	270	0
客户 7	0	500	350	350	0	480	500	120	0	450
客户 8	400	0	0	0	0	0	480	0	0	380

（1）对表 5-1 进行归一化处理，所有对象的属性取值在 [0, 1] 区间。经过标准化处理后的数据如表 5-2 所示。

表 5 - 2　8 个客户订购 10 种产品的归一化结果表

产品\客户	产品 1	产品 2	产品 3	产品 4	产品 5	产品 6	产品 7	产品 8	产品 9	产品 10
客户 1	0	0	0	0	0	0	0.6	0	0	0
客户 2	0	0.18	0	0.26	0.09	0	0	0	0	0.18
客户 3	0.15	0	0.36	0.3	0	0.5	0.07	0	0.16	0
客户 4	0	0	0	0	0.1	0	0	0.08	0	0.35
客户 5	0	0.12	0.18	0.12	0	0.06	0.56	0	0.3	0.42
客户 6	0.32	0	0	0.28	0.6	0	0	0	0.27	0
客户 7	0	0.5	0.35	0.35	0	0.48	0.5	0.12	0	0.45
客户 8	0.4	0	0	0	0	0	0.48	0	0	0.38

（2）设稀疏判断阈值 $b_j = 0.2$，根据转换公式 ［式（3 - 1）］，得到其稀疏特征值表，如表 5 - 3 所示。

表 5 - 3　8 个客户订购 10 种产品的稀疏特征值表

属性\对象	A_1	A_2	A_3	A_4	A_5	A_6	A_7	A_8	A_9	A_{10}
O_1	0	0	0	0	0	0	1	0	0	0
O_2	0	0	1	0	0	0	0	0	0	0
O_3	0	0	1	1	0	1	0	0	0	0
O_4	0	0	0	0	0	0	0	0	0	1
O_5	0	0	0	0	0	0	1	0	1	1
O_6	1	0	0	1	1	0	0	0	1	0
O_7	0	1	1	1	0	1	1	0	0	1
O_8	1	0	0	0	0	0	0.48	0	0	1

（3）根据 8 个客户对 10 种产品订购情况的稀疏特征值表，得到对象—属性空间图，如图 5 - 10 所示。

（4）运用两阶段协同聚类方法——MTPCCA 对对象—属性

	A_1	A_2	A_3	A_4	A_5	A_6	A_7	A_8	A_9	A_{10}
O_1	0	0	0	0	0	0	1	0	0	0
O_2	0	0	0	1	0	0	0	0	0	0
O_3	0	0	1	1	0	1	0	0	0	0
O_4	0	0	0	0	0	0	0	0	0	1
O_5	0	0	0	0	0	0	1	0	1	1
O_6	1	0	0	1	1	0	0	0	1	0
O_7	0	1	1	1	0	1	1	0	0	1
O_8	1	0	0	0	0	0	1	0	0	1

图 5 – 10　8 个对象、10 种属性的对象—属性空间图

空间进行聚类分割，获得的高维稀疏对象—属性子空间如图 5 – 11 所示，对象—属性子空间 A 和对象—属性子空间 B，且 $C = A \cap B$，即对象—属性子空间的重叠区域 C。

	A_2	A_3	A_4	A_6	A_7	A_9	A_1	A_{10}	A_5	A_8
O_2	0	0	1	0	0	0	0	0	0	0
O_1	0	0	0	0	1	0	0	0	0	0
O_3	0	1	1	1	0	0	0	0	0	0
O_7	1	1	1	1	1	0	0	1	0	0
O_6	0	0	1	0	0	1	1	0	1	0
O_8	0	0	0	0	1	0	1	1	0	0
O_5	0	0	0	0	1	1	0	1	0	0
O_4	0	0	0	0	0	0	0	1	0	0

图 5 – 11　MTPCCA 方法识别的对象—属性子空间图（一）

（5）由 OASEDA 方法思想，根据式（5 – 16）计算：

将交叉重叠区域 C 作为一个独立区域研究，由图 5 – 11 可得其中数据点的分布。

令 $P = A - C = \{(1, 5), (2, 5), (2, 6), (3, 4), (3, 5), (3, 6), (3, 8), (4, 5), (4, 6), (5, 7)\}$；$C = \{(5, 5), (6, 4)\}$；$Q = B - C \{(5, 2), (5, 3), (6, 2), (7, 3), (7, 4), (8, 1), (8, 2), (8, 3), (8, 5), (9, 4)\}$。

设区域 P 和区域 Q 的中点分别为 O_1 和 O_2，则 $O_1 = (3, 5.7)$，$O_2 = (7.1, 2.9)$。

设权值的取值：

$$w_{i1} = w_{i2} = \cdots = w_{i14} = \frac{1}{10} = 0.1, w'_{i1} = w'_{i2}$$

$$= w'_{i3} = \cdots = w'_{i16} = \frac{1}{10} = 0.1$$

则 $J_1 = 1.638$，$J_2 = 1.123$。

∵ $\gamma_1 < \gamma_2$，

∴ $C \supset B$。

即交叉重叠区域 C 应属于子空间 B，如图 5 – 12 所示。

	A_2	A_3	A_4	A_6	A_7	A_9	A_1	A_{10}	A_5	A_8
O_2	0	0	1	0	0	0	0	0	0	0
O_1	0	0	0	0	1	0	0	0	0	0
O_3	0	1	1	1	0	0	0	0	0	0
O_7	1	1	1	1	1	0	0	1	0	0
O_6	0	0	1	0	0	1	1	0	1	0
O_8	0	0	0	0	1	0	1	1	0	0
O_5	0	0	0	0	1	1	0	1	0	0
O_4	0	0	0	0	0	0	0	1	0	0

图 5 – 12　8 个对象、10 种属性的对象—属性子空间图

由图 5 - 12 可得：最终的对象—属性子空间为对象—属性子空间 B、对象—属性子空间 $A1$、对象—属性子空间 $A2$ 和对象—属性子空间 $A3$。

5.2.4　OASEDA 方法分析

假设有 26 个客户对象，记为 O_i，$i \in \{1, 2, \cdots, 26\}$，描述每个对象的属性有 45 种，分别为该对象对 45 种产品的订购量，记为 A_j，$j \in \{1, 2, \cdots, 45\}$，如表 5 - 4 所示，其对应的对象—属性空间图如图 5 - 13 所示。现需要对该对象—属性空间进行数据预处理。

表 5 - 4　26 个客户订购 45 种产品的情况

对象序号	取值为 1 的属性序号集
1	2,3,4,6,12,23,25,26,30,32,45
2	5,16,19,24,27,33,38,44
3	4,6,7,13,15,25,26,28,35,45
4	1,3,9,10,15,22,29,37
5	3,8,9,18,22,34,35,37,42
6	11,16,21,27,31,33,38,41
7	5,11,19,21,24,31,38,44
8	1,3,8,9,10,15,18,22,29,34,35,37,42
9	1,9,10,15,22,29,34,35,42
10	1,8,10,15,18,29,37,42
11	11,19,21,24,27,33,38,41,44
12	3,4,6,12,15,23,25,26,32,35,45
13	2,4,7,12,13,25,26,28,30,32,45
14	5,19,24,31,33,38,41

续表

对象序号	取值为 1 的属性序号集
15	8,10,15,18,29,35,37
16	2,4,6,7,12,15,23,28,30,32
17	10,13,15,17,36,40,43
18	9,15,18,22,34,35,42
19	11,16,21,24,27,31,41,44
20	1,3,8,10,22,29,34,35,37
21	5,11,19,24,31,33,41,44
22	2,3,6,12,13,15,25,26,28,35
23	2,3,6,12,23,25,28,30,32,35,45
24	4,8,16,18,23,38,39,42
25	4,7,12,13,15,23,26,30,32,35,45
26	4,7,12,15,23,26,30,32,35

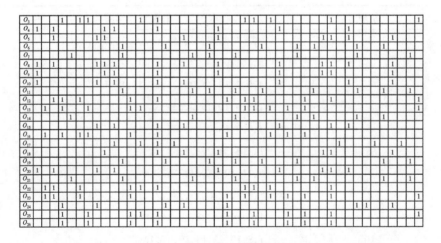

图 5-13　26 个客户订购 45 种产品的对象—属性空间图

运用两阶段联合聚类方法——MTPCCA 获得的子空间如图 5-14 所示，其中，子空间 A 和子空间 B 之间存在重叠区域 C，

且子空间 A 大小为 8×14，子空间 B 大小为 12×16，而对象—属性子空间的重叠区域 C 大小为 7×12。

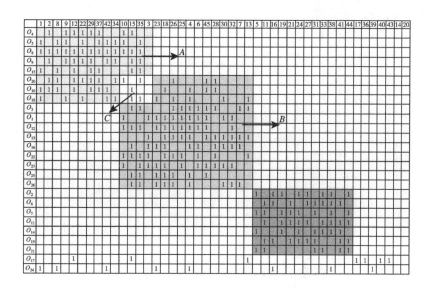

图 5－14 MTPCCA 方法识别的对象—属性子空间图（二）

由于对象—属性子空间中存在重叠区域 C，运用 EKCII 方法研究其归属问题。

为了阐述问题的方便，权值参数的取值为

$$w_{i1} = w_{i2} = \cdots = w_{i14} = \frac{1}{14}, w'_{i1} = w'_{i2} = w'_{i3} = \cdots = w'_{i16} = \frac{1}{16}$$

根据式（5－11）和式（5－16），分别计算对应的归属系数 γ_1 和 γ_2。

$\because \gamma_1 < \gamma_2, \therefore C \subset B$。根据 OASEDA 方法理论，得出交叉重叠区域 C 应合并到子空间 B，如图 5－15 所示。

由图 5－15 可得，对象—属性的重叠区域 C 确定归属到对

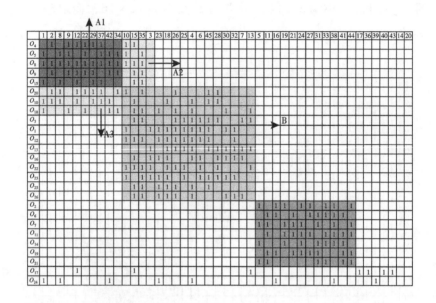

图 5-15　根据 OASEDA 方法得出的对象—属性子空间图

象—属性子空间 B 后，原子空间 A 将相应分解成 3 个子空间 $A1$、$A2$ 和 $A3$，即 $A - C = A1 \cup A2 \cup A3$，由此子空间 A 的结构发生了改变。此时，子空间 B 和子空间 $A1$、子空间 $A2$、子空间 $A3$ 之间相互独立。因此，需对图 5-13 具有高维稀疏特征的对象—属性空间进行数据挖掘时，扫描的对象仅为子空间 B、子空间 $A1$、子空间 $A2$ 和子空间 $A3$，而不是图 5-14 中的子空间 A 和子空间 B，所以在进行数据预处理时该交叉重叠区域仅需要扫描一次。

5.3　本章小结

本章研究具有稀疏特征的对象—属性子空间中的交叉重叠区

域的归属问题，主要研究成果如下：

（1）结合物理学的"向心力和离心力的相对大小决定做圆周运动物体的运动轨迹"相关理论，运用联想思维，提出解决对象—属性子空间的交叉重叠区域归属问题的思想：对象—属性子空间的交叉重叠区域应归属到哪个子空间取决于这部分重叠区域归属到的子空间的内聚度和相应的子空间分离度的相对大小。

（2）通过对第 4 章高维稀疏特征对象—属性空间分割过程的分析，在传统聚类方法——k-means 方法基础上提出了确定对象—属性空间之间交叉重叠区域归属判别 OASEDA 方法，该方法主要考虑交叉重叠区域归属到的子空间的内聚度和子空间之间分离度两个因素，设计了归属判断的目标函数。

实验结果及分析表明，OASEDA 方法能有效解决对象—属性子空间的交叉重叠区域归属问题。

第6章 对象—属性子空间优化

如本书的第 3 章所述，高维稀疏数据的特点如下：对象属性的取值是 0 或者 1 的二态变量；具有稀疏特点，即属性值为 1 的属性占少数，或者说属性取值 0 的属性占大部分。

因为高维稀疏数据中存在大量零属性值，所以经过聚类分割后得到相应的子空间中可能还有对象属性取值稀疏的子空间，甚至还有属性值全为零的子空间。

非关联子空间（non-associated subspace）：属性取值全为零，说明属性间没有关联。将属性取值全部为零的子空间称为"非关联子空间"，记作"Φ"即

$$O_{ij} = 0[i \in (1,2,\cdots,m), j \in (1,2,\cdots,n)], O_{ij} \in \Phi$$

稀疏子空间（sparse subspace）：对象的属性取值均为稀疏特征值的子空间，记作"Θ"，即如果 $O_{ij} \in \Theta$，$i \in \{1, 2, \cdots, m\}$，$j \in \{1, 2, \cdots, n\}$，则 O_{ij} 值不全为零的个数是少数。如果稀疏子空间中非零值属性的个数为 0，则此时的稀疏子空间就变成了非关联子空间。由此可以得到：非关联子空间是稀疏子空间的一个特例。从

集合的角度来看，它们之间是一个包含关系，可以写成 $\Phi \subset \Theta$。

8 个客户订购 10 种产品对应的稀疏特征二维表如表 6 - 1 所示，对该对象—属性空间运用两阶段联合聚类方法——MTPCCA 进行聚类分割，获得的对象—属性子空间如图 6 - 1 所示。图6 - 1 中子空间 B 和子空间 C 均为非关联子空间。

表 6 - 1 8 个客户订购 10 种产品的稀疏特征表（二）

客户＼产品	产品 1	产品 2	产品 3	产品 4	产品 5	产品 6	产品 7	产品 8	产品 9	产品 10
客户 1	0	0	0	1	1	0	0	1	0	0
客户 2	0	0	0	1	1	0	0	1	0	0
客户 3	0	0	0	1	1	1	1	1	1	0
客户 4	0	0	0	0	0	0	0	0	0	0
客户 5	1	1	1	0	0	1	1	0	1	1
客户 6	1	0	1	1	1	1	1	1	1	1
客户 7	1	1	1	0	0	1	1	0	0	1
客户 8	1	0	1	0	0	0	1	0	0	0

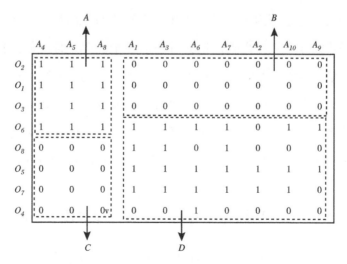

图 6 - 1 8 个对象、10 种属性对应的对象—属性子空间图

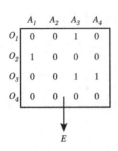

图6-2 对象—属性稀疏子空间图

在图6-2中，子空间 E 中属性取值为1的属性个数仅为4个，所占比例较少，所以子空间 E 为稀疏子空间。

在高维数据空间中，在数据点归入不同类的过程中起划分作用、对最终类的产生有贡献的维，称为非冗余属性[150]；反之，则称为冗余属性。冗余属性的特点是分布更加倾向于均匀分布，并不起划分作用，但会产生大量的噪声，增加方法不必要的开销，影响方法处理效果和性能。

高维稀疏数据中存在大量属性值为零的属性，这些属性对其数据挖掘结果没有影响或者不起作用。根据冗余属性的定义，这些值为零的属性一定是冗余属性，也可以说值为零的属性是冗余属性的一个特例。

因此，这些值为零的属性具有冗余属性的全部特点，如增加方法不必要的开销、提高数据挖掘方法的复杂度等，且对数据挖掘结果的质量基本没有影响。根据维数约简理论，冗余属性可以被选择掉，即可以直接去除，目的是优化对象—属性空间，从而提高数据挖掘的效率。本章提出通过剔除高维稀疏对象—属性非关联子空间的方法，实现进一步优化高维稀疏对象—属性子空间，提高其质量。

6.1 高维稀疏特征的对象—属性非关联子空间

根据前面非关联子空间的定义：子空间内所有属性取值均为

零。同时，由于高维稀疏对象—属性子空间中任一元素 O_{ij} 是二态变量，且 $O_{ij}=0$ 或者 $O_{ij}=1$，因此，非关联子空间是稀疏特征的对象—属性空间中取值为零的属性集合，或者说非关联子空间的实质是稀疏特征的对象—属性空间中取值为零的属性的聚类。因此，非关联子空间是稀疏特征对象—属性空间所特有的现象。

事实上，通过运用第 4 章提出的两阶段联合聚类方法——MTPCCA 对具有高维稀疏特征的对象—属性空间分割识别出的子空间中就可能包括了部分非关联子空间，这类非关联子空间根据其定义直接剔除即可。

但是，还有一类隐藏在稀疏特征对象—属性子空间中的非关联子空间，这类非关联子空间需要一种特别的方法来识别。因此本章研究的是高维稀疏对象—属性非关联子空间的识别方法，完成具有高维稀疏特征的对象—属性子空间的优化。

根据高维稀疏对象—属性子空间中任一元素 $O_{ij}=0$ 或者 $O_{ij}=1$ 的取值特点，本章基于二进制数代码提出剔除非关联子空间方法（a removing non-associated subspace algorithm based on unique binary sequence code，RNASAUBSC）。该方法从稀疏性角度优化具有高维稀疏特征的对象—属性子空间，进一步提高子空间质量。

6.2　剔除非关联子空间 RNASAUBSC 方法

假设稀疏数据对象为 O_i，$i \in \{1, 2, \cdots, n\}$，描述每个对象属性为 A_j，$j \in \{1, 2, \cdots, m\}$，每个对象对应二进制代码表

示为 B_i, $i \in \{1, 2, \cdots, n\}$, 则第 i 个对象对应二进制代码可以写成 $B_i = (b_{i1}b_{i2}\cdots b_{im})$。

$$D = \text{count}(B_1 \text{ OR } B_2 \cdots \text{OR } B_i), i \in \{1,2,\cdots,n\} \qquad (6-1)$$

其中，OR 为逻辑或运算；函数 count(*) 统计运算结果中零的总个数。

如果 $i = p$，$D = q$（$p > 2$，$q > 2$），则表示对象—属性空间中存在大小为 $p \times q$ 的非关联子空间。要进一步识别非关联子空间的结构时，还需要考虑 D 中零的分布情况，具体考虑两种情况。

（1）若 $D = k$，且其中 k 个零属性值在空间是分布连续的，如

$$D = \text{count}(B_1 \text{ OR } B_2) = (11\cdots0\cdots01\cdots) = k \qquad (6-2)$$

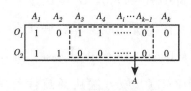

图 6 - 3　对象—属性非关联子空间图

则对象 O_1 和对象 O_2 构成的空间中存在一个大小为 $2 \times k$ 的非关联子空间。图 6 - 3 中存在非关联子空间 A，这时直接剔除子空间 A 即可。

设有 2 个对象 O_1 和对象 O_2，描述每个对象的属性有 7 个，分别为该对象对 7 种产品的订购量，记为 A_j, $j \in \{1, 2, \cdots, 7\}$，对象—属性对应的稀疏特征表如表 6 - 2 所示，其对应的对象—属性空间如图 6 - 4 （1）所示。

由对象—属性对应的稀疏特征表可得，对象 O_1 和对象 O_2 对应的属性值对应二进制代码分别为

表 6 - 2　2 个客户订购 7 种产品的稀疏特征表

对象	A_1	A_2	A_3	A_4	A_5	A_6	A_7
O_1	1	0	1	1	0	0	0
O_2	1	1	0	0	0	0	0

$$B_1 = (1011000), B_2 = (1100000)$$

根据式（6 - 1），计算对应的 D：

$$D = \text{count}(B_1 \text{ OR } B_2)$$
$$= \text{count}[(1011000) \text{ OR } (1100000)]$$
$$= \text{count}(1111000) = 3$$

表示对象 O_1 和对象 O_2 构成的对象—属性空间中存在一个大小为 2×3 的非关联子空间，且非关联子空间的对象维为 O_1 和 O_2、属性维为 A_5、A_6、A_7，如图 6 - 4（2）中的对象—属性子空间 B。剔除子空间 B 后的稀疏子空间如图 6 - 4（3）所示，子空间大小变为 2×4 维，可见通过剔除非关联子空间，子空间的维数得到降低，同时子空间的稀疏性在一定程度上得到了改善。

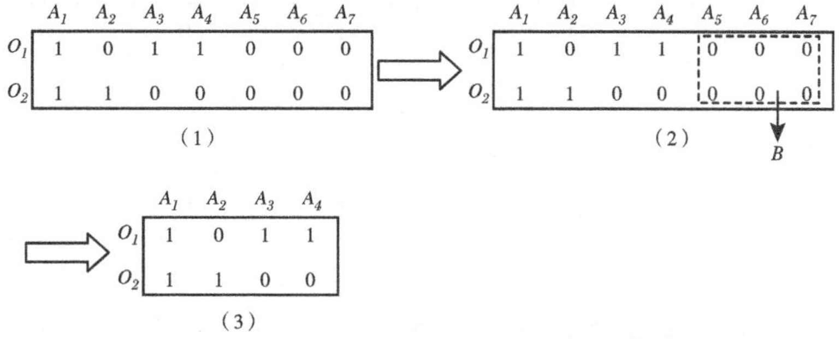

图 6 - 4　RNASAUBSC 方法运算过程图

（2）若 $D = k$，且这 k 个零在 D 中的位是非连续的，如

$$D = \text{count}(B_1 \text{ OR } B_2) = (101\cdots01\cdots01) = k \qquad (6-3)$$

则由对象 O_1 和对象 O_2 构成的对象—属性空间中存在一个大小为 $2 \times k$ 的非关联子空间，但此时需要通过分割技术识别该非关联子空间。

本章运用两阶段联合聚类方法，但与 MTPCCA 方法不同的是相似度（差异度）度量方式：在 MTPCCA 方法中，差异度通过 SFD 来衡量；而非关联子空间的差异度是 D 的大小及 D 中这些零值所对应的属性。

设有 4 个客户对象，记为 O_i，$i \in \{1, 2, 3, 4\}$，描述每个对象的属性有 5 种，分别为该对象对 5 种产品的订购量，记为 A_j，$j \in \{1, 2, 3, 4, 5\}$，其对象—属性对应的稀疏特征表如表 6-3 所示。

表 6-3　4 个客户订购 5 种产品的稀疏特征表

客户＼产品	产品 1	产品 2	产品 3	产品 4	产品 5
客户 1	0	1	1	1	1
客户 2	0	1	0	0	0
客户 3	0	1	0	1	0
客户 4	1	0	1	0	0

对象的二进制代码分别为 $B_1 = (01111)$，$B_2 = (01000)$，$B_3 = (01010)$ 和 $B_4 = (10100)$，根据式（6-1），计算

$$D = \text{count}(B_2 \, OR \, B_3)$$
$$= \text{count}[(01000) \, OR \, (01010)]$$
$$= \text{count}(01010) = 3$$

表示对象—属性空间中大小为 4×5 的空间里存在一个大小为 2×3 的非关联子空间，且该非关联子空间的对象维为 O_2 和 O_3，属性维为 A_1、A_3、A_5，如图 $6-5$（3）所示，子空间 B 是非关联子空间，剔除子空间 B 后，原稀疏对象—属性子空间将变成 2 个维数更小的子空间，如图 $6-5$（4）所示。

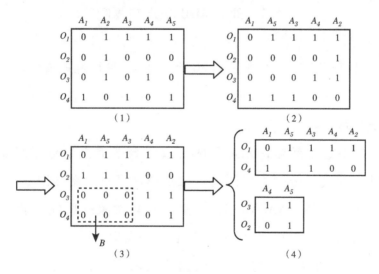

图 6 - 5　4 个对象、5 种属性对象—属性空间的优化过程图

RNASAUBSC 方法步骤如下。

（1）根据实际对象，设置属性阈值 ε，结合第 3 章知识，写出其对应的高维稀疏对象—属性二维表，得到对应的高维稀疏特征对象—属性空间。

（2）建立一种数据结构存储，根据高维稀疏对象—属性二维表存储对象的二进制代码。

（3）运用本书第 3 章提出的 MTPCCA 两阶段联合聚类方法对其高维稀疏特征对象—属性空间进行聚类分割，获得具有高维稀疏特征的对象—属性子空间。根据非关联子空间的定义判断，如果是非关联子空间，则直接删除。对于其他对象—属性子空间，先判断是否仍然是稀疏子空间，如果是，则按 RNASAUBSC 方法剔除非关联子空间；否则，该方法结束。

6.3　RNASAUBSC 方法算例

以第 4 章表 4 - 9 所示的 30 个对象 45 种属性取值的情况为例，其对象—属性于空间图如图 4 - 12 所示，现优化该对象—属性子空间。

针对这个问题，先运用两阶段联合聚类方法对原对象—属性空间进行分割，得到的对象—属性子空间图如图 6 - 6 所示，接着运用 RNASAUBSC 方法，得到对象—属性优化后的子空间图，如图 6 - 7 所示，其中，子空间 $D1$、$D2$、$D3$、$D4$ 和 $D5$ 属性的取值均为零，根据非关联子空间的定义，子空间 $D1$、$D2$、$D3$、$D4$ 和 $D5$ 均是非关联子空间。因此，运用 RNASAUBSC 方法，直接剔除这些非关联子空间，如图 6 - 7 所示，原对象—属性空间最终识别出的子空间主要有 3 个，其大小分别为 10×13、7×12 和 11×16。由于这三个子空间不再是稀疏子空间，因此对象—属性子空间的优化就此结束。

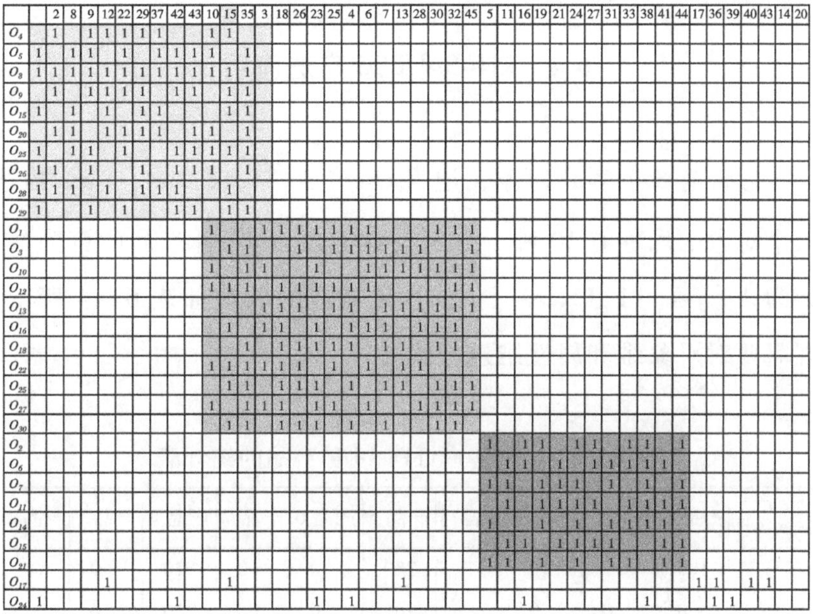

图 6－6　30 个对象、45 种属性的对象—属性子空间图

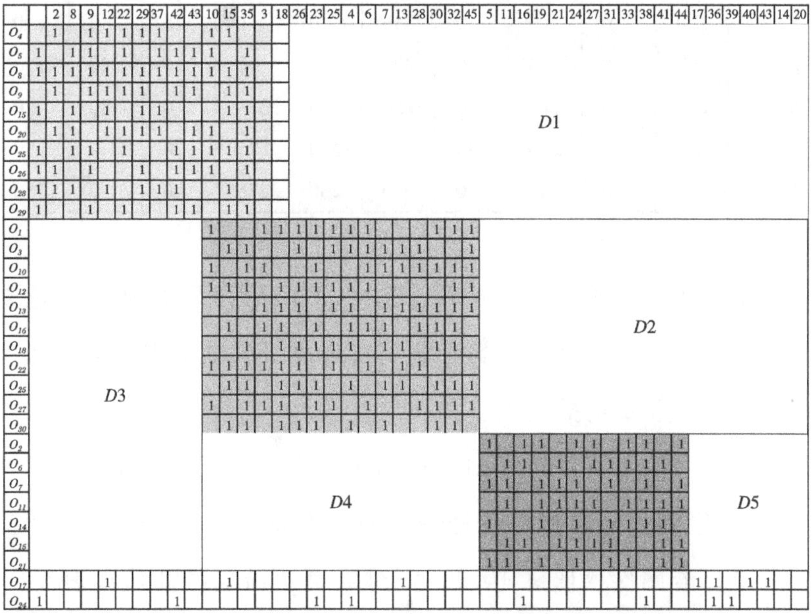

图 6－7　30 个对象、45 种属性优化后的对象—属性子空间图

6.4 RNASAUBSC 方法应用

假设有 8 个客户对象，记为 O_i，$i \in \{1, 2, \cdots, 8\}$，描述每个对象的属性有 10 种，分别为该对象对 10 种产品的订购量，记为 A_j，$j \in \{1, 2, \cdots, 10\}$，各属性的取值如表 6 – 4 所示，现需要对对象维和属性维进行预处理。

表 6 – 4   8 个客户订购 10 种产品的统计表

客户 ＼ 产品	产品 1	产品 2	产品 3	产品 4	产品 5	产品 6	产品 7	产品 8	产品 9	产品 10
客户 1	100	0	0	240	220	0	0	320	0	0
客户 2	0	0	0	245	260	0	100	250	0	0
客户 3	210	0	200	50	0	246	225	280	0	200
客户 4	120	0	0	0	350	0	0	325	0	0
客户 5	0	0	0	450	205	0	0	310	200	150
客户 6	200	0	240	0	150	0	330	0	180	0
客户 7	245	320	200	280	0	310	325	0	0	0
客户 8	500	0	260	0	0	260	276	0	0	230

针对这个问题，需要运用 MTPCCA 两阶段联合聚类方法对其对象—属性空间进行聚类分割，实现高维稀疏对象—属性子空间的识别。主要包括以下步骤。

（1）对表 6 – 4 进行归一化处理，所有对象的属性取值在 [0，1] 区间。经过标准化处理后的数据如表 6 – 5 所示。

（2）若属性阈值 $\varepsilon = 0.2$，则对象属性稀疏特征值如表 6 – 6 所示。

（3）运用 MTPCCA 两阶段联合聚类方法对对象—属性空间进行聚类分割，获得的高维稀疏对象—属性子空间如图 6 - 8 所示：对象—属性子空间 A、对象—属性子空间 B、对象—属性子空间 C 和对象—属性子空间 D，其中，对象—属性子空间 B 为非关联子空间，对象—属性子空间 C 为稀疏子空间。

表 6 - 5　8 个客户订购 10 种产品数量归一化的数据表

客户＼产品	产品 1	产品 2	产品 3	产品 4	产品 5	产品 6	产品 7	产品 8	产品 9	产品 10
客户 1	0.1	0	0	0.24	0.22	0	0	0.32	0	0
客户 2	0	0	0	0.245	0.26	0	0.1	0.25	0	0
客户 3	0.21	0	0.2	0.05	0	0.246	0.225	0.28	0	0.2
客户 4	0.12	0	0	0	0.35	0	0	0.325	0	0
客户 5	0	0	0	0.45	0.205	0	0	0.31	0	0.15
客户 6	0.2	0	0.24	0	0.15	0	0.33	0	0.2	0
客户 7	0.245	0	0.2	0.28	0	0.31	0.325	0	0.18	0
客户 8	0.5	0.32	0.26	0	0	0.26	0.276	0	0	0.23

表 6 - 6　8 个客户订购 10 种产品的稀疏特征表（三）

对象	A_1	A_2	A_3	A_4	A_5	A_6	A_7	A_8	A_9	A_{10}
O_1	0	0	0	1	1	0	0	1	0	0
O_2	0	0	0	1	1	0	0	1	0	0
O_3	1	0	1	0	0	1	1	1	0	1
O_4	0	0	0	0	1	0	0	1	0	0
O_5	0	0	0	1	1	0	0	1	0	0
O_6	1	0	1	0	0	0	1	0	1	0
O_7	1	0	1	1	0	1	1	0	0	0
O_8	1	1	1	0	0	1	1	0	0	1

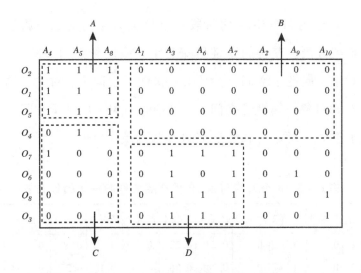

图 6-8　8 个客户订购 10 种产品的对象—属性子空间图

（4）根据 RNASAUBSC 方法理论，对象—属性子空间 C 应进行子空间优化，识别并剔除其中的非关联子空间，提高对象 - 属性子空间 C 的质量。运行 RNASAUBSC 方法优化子空间 C，如图 6-9 所示，对象—属性子空间 C 可以表示为 $C = C' \cup E$，且子空间 E 为非关联子空间，因此直接剔除。若需对对象 - 属性子空间 C 进行数据挖掘，由于子空间 E 是非关联子空间已经剔

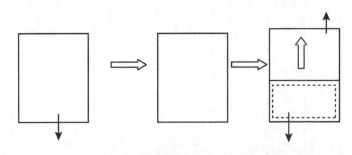

图 6-9　对象—属性子空间 C 的优化过程图

除，因此只需在对象—属性子空间 C' 中进行数据挖掘的运算即可。

6.5　本章小结

本章研究具有稀疏特征的对象—属性子空间的优化问题，主要研究成果如下。

（1）分析了具有高维稀疏特征的对象—属性子空间中存在属性值全为零的现象，给出了对象—属性非关联子空间的定义，并研究了其优化问题。

（2）通过对对象—属性非关联子空间的分析，提出了剔除非关联子空间的 RNASAUBSC 方法，结合实例阐述了该方法的运算过程，并通过实验证明该方法的有效性。

第7章 结 论

随着信息技术的不断发展，数据挖掘在其发展的过程中遇到了许多困难和障碍，其中关于高维稀疏数据的预处理技术是其最棘手的问题之一。伴随着高维稀疏数据在实际应用中越来越普遍，相关理论的完善及有效的数据预处理技术成为亟待解决的关键问题。

在上述背景下，本书针对具有高维稀疏特征的对象—属性子空间的识别、优化等问题进行了研究，取得了如下研究成果与结论。

（1）对具有高维稀疏特征的对象—属性空间，从属性聚类的角度研究了对象—属性子空间的识别问题。针对高属性维稀疏数据的聚类问题，改进了经典高属性维聚类方法——CABOSFV，给出了一个新的、较为合理的属性聚类 CABOSFVABS 方法。实验结果表明，与经典 CABOSFV 聚类方法相比，CABOSFVABS 方法提高了聚类结果的准确性。

CABOSFVABS 方法融合排序的思想，通过考虑差异度与阈值间的具体的大小关系来决定 CABOSFV 方法中的首层聚类，通过获得局部最优聚类来提高最终 CABOSFV 聚类方法的质量，并给出了实例阐述了该方法的运算过程。该方法简单实用，具有可操作性。

（2）对具有高维稀疏特征的对象—属性空间，从对象和属性联合聚类的角度研究了对象—属性子空间的识别问题。提出了一种新的两阶段联合聚类方法——MTPCCA，运用 MTPCCA 方法对具有高维稀疏特征的对象—属性空间运用分割的方法识别其子空间。

通过对高维稀疏数据的对象维和属性维进行分析，提出了运用两阶段联合聚类方法——MTPCCA 对具有高维稀疏特征的对象—属性空间进行分割的方法：分别运用 CABOSFVABS 方法对对象维和属性维聚类，识别其对象—属性子空间。实验的结果表明，与传统的基于内聚度分割方法相比，两阶段联合聚类方法——MTPCCA 不仅提高了运算的效率，而且提高了对象—属性子空间的质量。

（3）通过对高维稀疏特征对象—属性子空间的识别过程进行研究分析，发现具有高维稀疏特征的对象—属性子空间间可能存在交叉重叠区域现象，提出了对象—属性子空间的交叉重叠区域的归属问题，指出了主要考虑该交叉重叠区域归属到的某相邻对象—属性子空间的内聚度和子空间之间的分离度两个因素决定其归属问题的思想，并在此基础上提出了一种新型的 k-means 聚类 OASEDA 方法，设计了归属判断的目标函数。

对象—属性子空间的交叉重叠区域归属问题的研究解决了该

区域的划分问题，实现了对象—属性子空间的相互独立，提高了子空间的质量，不仅完善了具有高维稀疏特征的对象—属性子空间识别技术的理论，也为子空间聚类方法提供了理论的依据，并且对处理聚类边缘问题也有积极的借鉴作用。

（4）针对具有高维稀疏特征的对象—属性子空间中存在属性值均为零的现象，给出了对象—属性非关联子空间的定义，并提出了其优化问题。通过对非关联子空间的分析，提出了剔除非关联子空间的 RNASAUBSC 方法。

通过对高维稀疏特征对象—属性空间进行分析，针对两种不同来源的对象—属性非关联子空间，RNASAUBSC 方法分别给出了相应的识别方法：第一，直接根据对象—属性非关联子空间的定义识别；第二，针对对象—属性子空间中存在稀疏的子空间，在对象属性取值的二进制代码的基础上通过相关的逻辑运算进行结果识别。RNASAUBSC 方法给出了实例，阐述了该方法的运算过程，并通过实验证明该方法的有效性。

需进一步研究的内容如下。

（1）本书提出的两阶段协同聚类方法能有效解决具有高维稀疏特征的对象—属性子空间的识别问题，但由于协同聚类目前还处于起步阶段，关于提高其效率的问题本书还未做深入的研究。

（2）本书提出的具有高维稀疏特征的对象—属性子空间的交叉重叠区域归属方法能较为准确地决定该重叠区域的归属问题，但计算效率不高。因此，有必要在高维稀疏数据对象—属性子空间独立性方法上进行更加深入的研究，提出更为高效的方法。

参考文献

［1］ Han J. , Kamber M. :《数据挖掘：概念与技术》，范明、孟小峰译，北京：机械工业出版社，2007。

［2］ 武森、高学东、〔德〕巴斯蒂安 – M:《数据仓库与数据挖掘》，北京：冶金工业出版社，2003。

［3］ Donoho D. L. , " High-dimension data analysis：the curse and blessing of dimensionality", Aide-Memoire of a Lecture at AMS Conference on Math Challenge of the 21st Century, 2000.

［4］ Parsons L. , Haque E. , Liu H. , " Subspace clustering for high dimensional data：a revicw", *Acmsigkdd Exploration Newsletter*, 2004, 6 (1)：90 – 105.

［5］ Steinbach M. , Ertoz L. , Kumar V. , Challenges of clustering high dimensional data. http：//www – user. cs. umn. edu/ – ertoz/ paper/clustering_ chapter. pdf, 2003.

［6］ 杨凤召：《高维数据挖掘中若干关键问题的研究》，复旦大学博士学位论文，2003。

[7] Piatetsky-Shapiro G. , "Knowledge discovery in databases: 10 years after", *Sigkdd Explorations*, 2000, 1 (2): 59 – 61.

[8] Barbar'a D. , DuMouchel W. , "Faloutsos C, et al. The New Jersey data reduction report", *Bulletin of the IEEE Cuputer Society Technial Committee on Data Engineering*, 1997, 20 (4): 3 – 45.

[9] Jagadish H. V. , " Incompleteness in data mining", ACM SIGMOD Workshop on Research Issues in Data Mining and Knowledge Discovery, 2000: 1 – 10.

[10] Gray, " Data cube: a relational aggregation operator genera – lizing group-by, cross-tab, and sub-totals", *Data Mining and Knowledge Discovery*, 1997 (1): 29 – 53.

[11] Chen F. , Lambert D. , Pinheiro J. C. , et al. , " Reducing transaction databases, without lagging behind the data or losing information", http: //citeseer. nj. nec. com/ 316411. html.

[12] MiguelÁ. , Carreira-Perpiñán A. , "Review of dimension reduction techniques", http: //citeseer. nj. nec. com/126333. html, 1997.

[13] John G. , Langley P. , " Static versus dynamic sampling for data mining ", *Proceedings of the Second International Conference on Knowledge Discovery and Data Mining*, AAAI Press, 1996: 367 – 370.

[14] Fayyad U. , Piatetsky-Shapiro G. , Smyth P. , " From data mining to knowledge discovery in databases", *AI Magazine*, 1996, 17 (3): 37 – 54.

[15] Piatetsky-Shapiro G. , "Data mining and knowledge discovery 1996 to 2005: Overcoming the hype and moving from 'niversity' to 'business' and 'analytics'", *Data Mining Knowledge Discovery*, 2007, 15 (1): 99 – 105.

[16] Groth R: 《数据挖掘——构筑企业竞争优势》, 成都: 西南交通大学出版社, 2001。

[17] 牛琨:《聚类分析中若干关键技术及其在电信领域的应用研究》, 北京邮电大学博士学位论文, 2007。

[18] 武森:《高属性维稀疏聚类》, 北京科技大学博士学位论文, 2002。

[19] Berch T. , Keim D. , Kriegel H. P. , "The X-tree: an index structure for high dimensional data", Proceedings of the 22nd International Conference on Very Large Databases, San Francisco, USA, 1996: 28 – 39.

[20] Zaiane O. R. , Han J. , Zhu H. , "Mining recurrent items in multimedia with progressive resolution refinement", Proceedings of International Conference on Data Engineering, California, USA, 2000: 461 – 470.

[21] Keogh E. J. , Pazzani M. J. , "An indexing scheme for fast similarity search in large time series databases", Proceedings of 11th International Conference on Scientific and Statistical Database Management, Ohio, USA, 1999: 56 – 67.

[22] Ghani R. , Slattery S. , Yang Y. , "Hypertext categorization using hyperlink patterns and meta data", Proceedings of 18th

International Conference on Machine Learning, San Francisco, USA, 2001: 178 – 185.

[23] Srivastava J. , Cooley R. , Deshpande M. , et al. , "Web usage mining: discovery and application of usage patterns from web data", *SIG KDD Explorations*, 2000, 1 (2): 12 – 23.

[24] Papadimitriou S. , Sun J. , Faloutsos C. , "Streaming pattern discovery in multiple time-series", Proceedings of the 31st VLDB Conference, 2005: 697 – 708.

[25] 丁军:《基于粗糙集的属性约简算法研究》, 北京科技大学博士学位论文, 2007。

[26] Agrawal R. , Imielinski T. , Swami A. , "Mining associations between sets of items in massive databases", *Proceedings of the 1993 ACM SIGMOD International Conference on Management of Data*, Washington D. C. : ACM Press, 1993: 207 – 216.

[27] Agrawal R. , Srikant R. , "Fast algorithms for mining association rules in large databases", *Proceedings of the 20th International Conference on Very Large Data Bases*, Santiago : Morgan Kaufmann Publisher, 1994: 487 – 499.

[28] Mohr D. L. , "Bayesian identification of clustered outliers in multiple regression", *Computational Statistics & Data Analysis*, 2007, 51 (8): 3955 – 3967.

[29] Angiulli F. , Basta S. , Pizzuti C. , "Distance-based detection and prediction of outliers", *IEEE Transactions on Knowledge and Data Engineering*, 2006, 18 (2): 145 – 160.

[30] Chuang C. C. , Jeng J. T. , " CPBUM neural networks for modeling with outliers and noise ", *Applied Soft Computing*, 2007, 7 (3): 957 – 967.

[31] Wörgötter F. , Porr B. , " Temporal sequence learning, prediction, and control: a review of different models and their relation to biological mechanisms ", *Neural Computation*, 2005, 17 (2): 245 – 319.

[32] Keogh E. J. , Kasetty S. , " On the need for time series data mining benchmarks: a survey and empirical demonstration ", *Data Mining and Knowledge Discovery*, 2003, 7 (4): 349 – 371.

[33] Jain A. K. , Murtuy M. N. , Flynn P. J. , " Data clustering: a review ", *ACM Computing Surveys*, 1999, 31 (3): 264 – 323.

[34] Bekhin P. , " A Survey of Clustering Data Mining Techniques ", *In*: Kogan J. , Nicholas C. , Teboulle M. , *Grouping Multidimensional Data: Recent Advances in Clustering*, Berlin: Springer, 2006: 25 – 71.

[35] Wu C. F. J , " On the convergence properties of the EM algorithm ", *Annal of Statistics*, 1983, 11 (1): 95 – 103.

[36] Ng R. T. , Han J. W. , " Efficient and effective clustering methods for spatial data mining (1994) ", Proceedings of 20th International Conference on Very Large Data Bases, Santiago, Chile, 1994: 144 – 155.

[37] Han J. W. , Kamber M. , *Data Mining Concepts and*

Techniques, New York: Academic Press, 2001.

[38] Berson A. , Smith S. J. , " *Data Warehousing Data Mining & OLAP*, New York: McGraw-Hill Book Company, 1997.

[39] Zhang T. , Ramakrishnan R. , Livny M. , "Birch: an efficient data clustering method for very large databases. ", Proceedings of the 1996 ACM SIGMOD International Conference on Management of Data, Montreal, Canada, 1996: 103 – 114.

[40] Guha S. , Rastogi R. , Shim K. , " Cure: an efficient clustering algorithm for large databases", In Proceedings of the ACM SIGMOD Conference on Management of Data, Seattle, Washington, 1998: 73 – 84.

[41] Guha S. , Rastogi R. , Shim k. , " Rock: a robust clustering algorithm for categorical attributes", Proceedings of the 15th IEEE International Conference on Data Engineering, Sydney, Australia, 1999: 512 – 521.

[42] Karypis, George, Han E. H. , et al. , "Chameleon: a hierarchical clustering algorithm using dynamic modeling ", *IEEE Computer*, 1999, 32 (8): 68 – 75.

[43] Agrawal R. , Gehrke J. , Gunopulos D. , Raghavan P. , "Automatic subspace clustering of high dimensional data for data mining applications ", *CMSIGMOD International Conference on Management of Data*, New York: ACM Press, 1998: 94 – 105.

[44] Schikuta E. , Erhart M. , " The bang-clustering system: grid-

based data analysis", Proceedings of the Second International Symposium IDA – 97, London, UK, Springer-Verlag Lecture Notes in Computer Science, 1997: 513 – 524.

[45] Wang W., Yang J., Muntz R., " Sting: a statistical information grid approach to spatial data mining", Proceedings of the 23rd VLDB Conference, Athens, Greece, 1997: 186 – 195.

[46] Godoy D., Amandi A., "A conceptual clustering approach for user profiling in personal information agents ", *AI Communications*, 2006, 19 (3): 207 – 227.

[47] Hussain M., Eakins J. P., " Component-based visual clustering using the self-organizing map", *Neural Networks*, 2007, 20 (2): 260 – 273.

[48] Halkidi M., Batistakis Y., Vazirgiannis M., "Clustering validity checking methods: Part Ⅱ", *ACMSlGMOD Record Archive*, 2002, 31 (3): 19 – 27.

[49] 范九伦:《模糊聚类新算法与聚类有效性问题研究》, 西安电子科技大学博士学位论文, 1998。

[50] Fred A., et al., " *Cluster Validity and Stability of Clustering Algorithms* ", Berlin, Heidelberg: Springer-Verlag, 2004: 957 – 965.

[51] Halkidi M., Vazirgiannis M., "Quality assessment approaches in data mining", *Data Mining and Knowledge Discovery Handbook*. Berlin: Springer, 2005, (24): 662 – 696.

[52] Patrikainen M., Meila M., "Comparing subspace clustering",

IEEE Transaction on Knowledge and Data Engineering, 2006, 18 (7): 902 – 916.

[53] Strehl A. , Ghosh J. , "Cluster ensembles: a knowledge reuse framework for combining multiple partitions", *Journal on Machine Learning Research*, 2007 (3): 583 – 617.

[54] Artigas P. , Likhodedov A. , Caruana R. , " Meta clustering", http: //www. 2. – cscmu. edu/ ~ anigas/classproj/mlproj. ps, 2000.

[55] Hillol K. , *Data Mining: Next Generation Challenges and Future Directions*, Menlo Park, London: AAAI Press, 2004.

[56] Bissantz N. , Hagedorn J. , "Data mining ", *Business & Information Systems Engineering*, 2009, 1 (1): 118 – 122.

[57] Kargupta H. , Han J. , Yu P. S. , et al. , *Next Generation of Data Mining* , London: Chapman & Hall/CRC, 2008.

[58] Olson D. L. , Delen D. , *Advanced Data Mining Techniques* , Berlin: Springer-Verlag, 2008.

[59] Subašic I. , Berendt B. , "Web mining for understanding stories through graph visualisation", Proceedings of the 2008 Eighth IEEE International Conference on Data Mining, 2008: 570 – 579.

[60] Giannotti F. , Pedreschi D. , *Mobility, Data Mining and Privacy: Geographic Knowledge Discovery* , Berlin: Springer, 2008.

[61] Nikitas N. K. , Michael G. V. , *Conceptual Universal Database Language: Moving Up the Database Design Levels*, Berlin:

Springer, 2009.

[62] Jupiter D. C. , VanBuren V. , " A visual data mining tool that facilitates reconstruction of transaction" .

[63] 和亚丽:《基于高维空间的聚类技术研究》,中北大学博士学位论文,2005。

[64] Donoho D. L. , "High-dimensional analysis: the curses and blessing of dimensionality ", Aide-Memoire of a Lecturer AMS Conference on Math Challenges of the 21st Century, 2000.

[65] Parsons L. , Haque E. , Liu H. , " Subspace clustering for high dimensional data: a revicw", *ACMSlGKDD Exploration Newsletter*, 2004, 6 (1): 90 – 105.

[66] Yang Q. , Wu X. D. , " 10 Challenging problems in data mining research", Lecture on the ICDM, 2005.

[67] Steinbach M. , Ertoz L. , Kumar V. , "The challenges of clustering high dimension data", http: //www-users. cs. edu/ − ertoz/papers/clustering – chapter. pdf, 2003.

[68] Verleysen M. , " Learning high-dimensional data", In : Ablameyko S, et al. Limitations and Funture Trends in Neural Computation, 2003: 141 – 162.

[69] 陈黎飞:《高维数据的聚类方法研究与应用》,厦门大学博士学位论文,2008。

[70] Hinneburg A. , Aggarwal C. C. Keim D. A. , " What is the nearest neighbor in high dimensional spaces", Proceeding of the VLDB, 2000: 506 – 515.

［71］ Dash M. , Liu H. , "Dimemionality Reduction",. *In*: Encyclopedia of Computer and Sciene and Engineering. Hoboken: Johnl Wiley&Sons, Inc. , 2003.

［72］ Chakrabarti K. , Mehrotra S. , "Local dimsionaltiy reduction: a new approach to indexing high dimemional space", Proceeding of the VLDB, 2000: 89 – 100.

［73］ Lan M. , Sung S. Y. , Low H. B. , Tan C. L. , "A comparative study on term weighting schemes for text categorization", Proceeding of IEEE International Joint Conference on Networks, 2005: 546 – 551.

［74］ Aha D. W. , Bankert R. L. , "A comparative evaluation of sequential feature selection algorithms", In Proceedings of the Fifth International Workshop on Artificial Intelligence and Statistics, 1995: 1 – 7.

［75］ Vafaie H. , Jong K. A. D. , "Robust feature selection algorithm", In Proceedings of 5th International Conference on Tools with Artifical Intelligence, Boston, MA, 1993: 356 – 364.

［76］ Traina C. , Traina A. , Wu L. , et al. , "Fast feature selection using fractal dimension", *In*: Faloutsos C. Proceedings of XV Brazilian Symposium on Databases, Paraila: Springer, 2000: 78 – 90.

［77］ Jollife L. T. , *Principal Component Anaysis*, New York: Springer-Verlag, 2002.

[78] Friedman J. H. , Turkey J. W. , "A projection pursuit algorithm for exploratory data analysis ", *IEEE Transactions On Computer*, 1974, 23 (9): 881 – 890.

[79] Berry M. W. , Browne M. , *Understanding Search Engines: Mathematical Modeling and Text Retrieval*, SIAM, 1999.

[80] Scholkopf B. , " Nonlinear component analysis as a kernel eigenvalue problem", *Neural Computation*, 1998 (10): 1299 – 1319.

[81] Kohonen T. , *Self-Organizing Maps*, Berlin: Springer-Verlag, 2001.

[82] Jain A. K. , Dubes R. C. , *Algoritllms for CluStering Data*, Upper Saddle River Prentice Hall, 1988.

[83] Brabara D. , Chen P. , "Using the fractal dimension to clustering datasets " *In*: Proceedings of the 6th ACM SIGKDD International Conference on Knowledge Discovery and Data Mining (KDD 2000) . New York: ACM Press, 2000: 260 – 264.

[84] Becker S. , Thrun S. , Obermayer K. , *In Advances in Neural Information Processing Systems* 15, Cambridge: MIT Press, 2003: 961 – 968.

[85] Demartines P. , Herault J. , " CCA: Curvilinear Component Analysis", In GRETSI'95, Juan-les-pins, France, 1995.

[86] Demartines P. , Herault J. , " Curvilinear component analysis: a self-organizing neural network for nonlinear mapping of data

sets", IEEE Transactions on Neural Networks, 1997, 8 (1): 148 – 154.

[87] Tenenbaum J. B., Silva V., Langford J. C., "A gobal gometric famework for nnlinear dmensionality rduction", Science, 2000, 290 (5500): 2319 – 2323.

[88] Roweis S., Saul L., "Onlinear dimensionality reduction by locally linear embedding", *Science*, 2000, 290 (5500): 2323 – 2326.

[89] Balasubramanian M., Schwartz E. L., Tenenbaum J. B., Langford J. C., "The isomap algorithm and topological stability", *Science*, 2002: 295 – 552.

[90] Zhang Z. Y., Zha H. Y., "Principal manifolds and nonlinear dimension reduction via local tangent space alignment", *SIAM Journal of Scientific Computing*, 2004, 26 (1): 313 – 338.

[91] Belkin M., Niyogi P., "Laplacian eigenmaps for dimensionality reduction and data representation", *Neural Computations*, 2003, 15 (6): 1373 – 1396.

[92] Belkin M., Niyogi P., "Laplacian eigenmaps and spectral techniques for embedding and clustering.", In Advances in Neural Information Processing Systems, 2002.

[93] Donoho D. L., Grimes C., "Hessian eigenmaps: new locally linear embedding techniques for high-dimensional data", *Proceedings of the National Academy of Sciences*, 2003, 100 (10): 5591 – 5596.

［94］ 贺玲、蔡益朝、杨征：《高维数据聚类方法综述》，《计算
　　　 机应用研究》，2010，27（1）：23～31。

［95］ Wang B. , Zhang M. W. , Zhang B. , " An effective hypergraph
　　　 clustering in multistage data mmining of traditional chiesem
　　　 edicine syndrome differentiation", Proceedings of the 6th
　　　 IEEE International Conference on Data Mining Workshops,
　　　 2006：848 – 852.

［96］ Hu T. M. , Xiong H. , Zhou W. J. , " Hypergraph partitioning
　　　 for document clustering", Proceedings of the 31st Annual
　　　 International ACMSIGIR Conference on Research and
　　　 Development in Informatin Retrieval Table of Contents,
　　　 2008：871 – 872.

［97］ Aggarwal C. C. , Procopiuc C. , Wolf J. L. , Yu P. S. , et
　　　 al. , " Fast algorithm for projected clustering", In：Delis A,
　　　 Faloutsos C, Ghandeharizadeheds S. Proceedings of the ACM-
　　　 SIGMOD. New York：ACM Press, 1999：61 – 71.

［98］ Parsons L. , Haque E. , Liu H. , "Subspace clustering for high
　　　 dimensional data：review", SIGKDD Explorations, 2004, 6
　　　（1）：90 – 105.

［99］ Goil S. , Nagesh H. , Choudhary A. , "Mafia：efficient and
　　　 scaleable subspace clustering for very large data sets",
　　　 Technical Report CPDC-TR – 9906 – 0l0, Northwestern
　　　 University, 2145 Sheridan Road, Evafiston IL 60208, June,
　　　 1999.

[100] Liu B., Xia Y., Yu E. S., "Clustering through decision tree construction", In Proceedings of the Ninth International Conference on Information and Knowledge Management, 2000: 20 – 29.

[101] Chang J. W., Jin D. S., "A new cell-based clustering method for large high-dimensional data in data mining applications", In Proceedings of the 2002 ACM Symposium on Applied Computing, 2002: 503 – 507.

[102] Procopiuc M., Jones M., Agarwal P. K., Murali T. M., "A monte carlo algorithm for fast projective clustering", In Proceedings of ACMSIGMOD, 2002: 418 – 427.

[103] Hartigan J. A., "Direct clustering of a data matrix", *JASA*, 1972 (67): 123 – 129.

[104] Cheng Y., Church G., "Biclustering of expression data", In Proceeding of the 8th International Conference on Intelligent Systems for Molecular Biology (ISMB'00), 2000: 93 – 103.

[105] 周骋:《基于高维数据的双聚类算法研究与应用》, 南京理工大学硕士学位论文, 2009。

[106] 祝琴、高学东、武森:《一种新型高属性维稀疏数据聚类》,《计算机工程》, 2010, 36 (22): 13 ~ 14。

[107] 高学东、武森:《物件—属性空间的分割技术》,《2008年资讯科技国际研讨会论文集》[International Conference on Advanced Information Technologies (AIT)]。

[108] Madeira S. C., Oliveira A. L., "Biclustering algorithms for

biological data analysis: a survey", *Computational Biology and Bioinformatics*, 2004: 24 - 45.

[109] Gu J. J., Liu J. S., "Bayesian biclustering of gene expression data", *BMC Genomics*, 2008, 9 (Suppl 1): S4.

[110] Sunaga D. Y., Nievola J. C., "Statistical and biological validation mmethods in cluster analysis of gene expression", DOI 10. 1109/1CMLA, 2007.

[111] Gan X. C., Liew A. W. C., Yan H., "Biclustering gene expression data based on a high dimensional geometric method", Proceedings of the 4m Intemational Conference on Machine Leaming and Cybernetics, 2005: 18 - 21.

[112] Kluger Y., Basri R., Chang J. T., Gerstein M., " Spectral biclustering of microarray data: coclustering genes and conditions", *Genome Research*, 2003, 13: 703 - 716.

[113] 吴湖、王永吉、王哲、王秀利:《两阶段联合聚类协同过滤算法》,《软件学报》, 2010, 21 (5): 1042~1054。

[114] Dufry D. E., Quiroz A. J., " A permutation based algorithm for block clustering", *Journal of Classification*, 1991 (8): 65 - 91.

[115] Tibshirani R., Hastie T., Eisen M., Ross D. et al., "Clustering Methods for the Analysis of DNA Microarray Data", Technical Report, Stanford University, 1 999.

[116] Bergmann S., Ihmels J., Barkai N., "Iterative signature algorithm for the analysis of large-scale gene expression data",

Physical Review, 2003.

[117] Yang J. , Wang W. , Wang H. X. , Yu P. , "Enhanced biclustering on gene expression data", In Proceedings of the 3rd IEEE Conference on Bioinformatics and Bioengineering, 2003 (32): 1 - 327.

[118] Ben-Dor A. , Chor B. , Karp R. , Yakhini Z. , "Discovering local structure in gene expression data: the order-preserving submatrix problem. ", In Proceedings of the 6th International Conference on Computational Biology (RECOMB'02), 2002: 49 - 57.

[119] Chakraborty A. , "Biclustering of gene expression data by simulated annealing", HPCASIA, 2005.

[120] Sheng Q. Z. , Moreau Y. , DeMoor B. , "Biclustering microarray data by gibbs sampling", *Bioinformatics*, 2003 (19): 196 - 205.

[121] Kirk S. , Gelatt C. D. , Vecchi M. R. , "Optimization by simulated annealing. ", *Science*, 1983: 671 - 680.

[122] 段海滨:《蚁群算法原理及其应用》,北京:科学出版社, 2005。

[123] Holland J. H. , *Adaptation in Nature and Artificial Systems*. MIT Press, 1992.

[124] Jayalakshmi S. , Rajagopalan S. P. , "Application of modified simulated annealing to the biclustering of gene expression data", *International Journal of Soft Computing*, 2007: 378 -

381.

[125] Chakraborty A. , Maka H. , " Biclustering of gene expression data using genetic algorithm"

[126] 单世民、张宁、江贺、张宪超:《基于网格和密度的簇边缘精度增强聚类算法》,《计算机工程与应用》, 2008, 44 (23): 143～146。

[127] Agrawal R. , Gehrke J. , Gllnoplllos D. , Raghavan P. , " Automatic subspace clustering of high dimensional data for data mining applications", *Acmsigmod International Conference on Management of Data*, ACM Press, 1998: 94 – 105.

[128] Goil S. , Nage H. , Choudhary A. , "MAFIA: efficient and scalable subspace clustering far very large datasets", Tecnical Report, CPDC – TR – 9906 – 010.

[129] 王生生、刘大有、曹斌、刘杰:《一种高维空间数据的子空间聚类算法》,《计算机应用》, 2005, 25 (11): 2615～2617。

[130] 陈朝华、王伟平:《聚类分析算法 CLIQUE 的改进及应用》,《科技广场》, 2007 (5): 9～11。

[131] Qiu B. Z. , Li X. L. , Shen J. Y. , " Grid-based clustering algorithm based on intersection partition and density estimation", PAKDD Workshops, 2007 (4819): 368 – 377.

[132] 高亚鲁:《子空间聚类算法的研究及应用》, 江苏大学硕士学位论文, 2009。

[133] 李光兴:《基于网格相邻关系的离异点识别算法》,《计算

机工程与科学》, 2010, 32 (9): 130~133。

[134] 何虎翼、姚莉秀、沈红斌、杨杰:《一种新的子空间聚类算法》,《上海交通大学学报》, 2007, 41 (5): 813~817。

[135] 余灿玲、王丽珍、张元武:《基于网格密度方向的聚类类边缘精度加强算法》,《计算机研究与发展》, 2010, 7 (5): 815~823。

[136] 刘佳佳、胡孔法、陈峻、宋爱波:《一种有效的基于密度度量的相交网格划分聚类算法》,《高技术通讯》, 2009 (12): 56~59。

[137] Keller A., "Fuzzy clustering withoutliers", In: Proceedings of the 19th International Conference of the North American Fuzzy Information Processing Society. Atlanta: IEEE, 2000: 143–147.

[138] 皋军、王士同:《具有特征排序功能的鲁棒性模糊聚类方法》,《自动化学报》, 2009, 35 (2): 145~153。

[139] Chan Y., Ching W., Ng M. K., Huang J. Z., "An optimization algorithm for clustering using weighted dissimilarity measures", Pattern Recognition, 2004, 37 (5): 943–952.

[140] Jing L., Ng M. K., Xu J., Huang J. Z., "Subspace clustering of text documents with feature weighting k-means algorithm", Proceedings of the Ninth Pacific-Asia Conference on Knowledge Discovery and Data Mining, 2005: 802–812.

[141] Gan G., Wu J., "A convergence theorem for the fuzzy subspace

clutering（FSC）algorithm"，*Pattern Recognition*，2008，41（6）：1939－1947.

［142］张燕萍、姜青山：《k-means 型软子空间聚类算法》，《计算机科学与探索》，2010，4（11）：1019～1026。

［143］陈黎飞、郭躬德、姜青山：《自适应的软子空间聚类算法》，《软件学报》，2010，21（10）：2513～2523。

［144］Ren J. D.，Li L. N.，"A weighted subspace clustering algorithm in high-dimensional data streams"，Fourth International Conference on Innovative Computing，Information and Control，2009：631－634.

［145］Deng Z. H.，Choi K. S.，Chung F. L.，Wang S. T.，"Enhanced soft subspace clustering integrating within-cluster and between-cluster information"，*Pattern Recognition*，2010，（43）：767－781.

［146］Jing L. P.，Ng M. K.，Huang J. Z. X.，"An entropy weighted k-means algorithm for subspace clustering of high-dimensional sparse data"，*IEEE Transactions on Knowledge and Data Engineering*，2007，19（8）：1026－1041.

［147］Domeniconi C.，Gunopulos D.，Ma S.，Yan B.，et al.，"Locally adaptive metrics for clustering high dimensional data，data mining knowledge"，*Discovery*，2007（14）：63－97.

［148］Jing L.，Ng M. K.，Huang J.，"An entropy weighting k-means algorithm for subspace clustering of high dimensional sparse data", *IEEE Transactions on Knowledge and Data Engineering*, 2007, 19 (8): 1026 - 1041.

[149] Wu K. L., Yu J., Yang M. S., "A novel fuzzy clustering algorithm based on a fuzzy catter matrix with optimality tests", *Pattern Recognition*, 2005, 26 (5): 639 - 652.

[150] 许倡森:《基于混合网格划分的子空间高维数据聚类算法》,《计算机技术与发展》2010, 20 (10): 150 ~ 153。

后　记

　　高属性维数据是比较常见的一种数据形式，由于这类数据属性的高维特征，导致执行各类数据挖掘任务时，其分析效果和效率都受到很大影响。经典的高维数据预处理常用方法是：降维（维度约简），将高维数据空间通过某种方式转化为低维的可处理空间。虽然维度约简的方法能有效地将高维数据的维度降低或者说变成低维数据，实现高维数据预处理，但高维数据经过降维技术处理后，原数据中的噪声数据与正常数据之间的差别缩小，数据挖掘的结果很难得到保障；另外，经过维度约简技术处理后的数据，其数据挖掘结果的表达和理解都存在一定的难度，即降维的实质是在原信息有损失的情况下完成数据预处理。

　　针对高属性维数据预处理问题，本书结合"分而治之"思想提出数据规模消减方法，将高属性维数据依据某些规则，按对象和属性划分为若干低属性维数据子系统，即"对象—属性子空间"划分问题。对象—属性子空间划分属于高属性维数据预处理方法，其实质是高维数据预聚类方法，高属性维数据正式的数据挖掘任务将在子空间划分后得到的低属性维数据子系统中进行。

高属性维数据预处理技术是高维数据分析处理的一个关键内容，将直接影响高属性维数据分析处理的结果，甚至对当前大数据环境具有重要的意义。

本书是在我博士论文研究基础上提炼而成的。在此，特别感谢我的博士生导师高学东教授给予的悉心指导；同时，我的博士论文能够成书，也承蒙各位专家与学者指导，包括北京科技大学武森教授，南昌大学管理学院涂国平教授，南昌大学管理科学与工程系邓群钊教授、贾仁安教授，加拿大 Ryerson 大学 Howard X. Lin Professor 等，在此表示衷心感谢。

最后，本书受江西省"十二五"重点学科管理科学与工程资助出版。

图书在版编目（CIP）数据

高维数据分析预处理技术/祝琴著. —北京：社会科学
文献出版社，2015.12（2022.7 重印）
ISBN 978 - 7 - 5097 - 8569 - 0

Ⅰ.①高…　Ⅱ.①祝…　Ⅲ.①统计数据 - 统计分析
Ⅳ.①O212.1

中国版本图书馆 CIP 数据核字（2015）第 312302 号

高维数据分析预处理技术

著　　者/祝　琴

出 版 人/王利民
项目统筹/王玉敏
责任编辑/王玉敏　张文静
责任印制/王京美

出　　版/社会科学文献出版社·国际出版分社（010）59367243
　　　　　地址：北京市北三环中路甲 29 号院华龙大厦　邮编：100029
　　　　　网址：www.ssap.com.cn
发　　行/市场营销中心（010）59367081　59367083
印　　装/北京虎彩文化传播有限公司

规　　格/开　本：787mm × 1092mm　1/16
　　　　　印　张：11.25　字　数：156 千字
版　　次/2015 年 12 月第 1 版　2022 年 7 月第 3 次印刷
书　　号/ISBN 978 - 7 - 5097 - 8569 - 0
定　　价/49.00 元

读者服务电话：4008918866